Evgeny Vrzhashch
Yulia Klibanova

Fizyka: elektryczność i magnetyzm

Evgeny Vrzhashch
Yulia Klibanova

Fizyka: elektryczność i magnetyzm

Wydawnictwo Bezkresy Wiedzy

Imprint

Cover image: www.ingimage.com

Publisher:
Wydawnictwo Bezkresy Wiedzy
is a trademark of
International Book Market Service Ltd., member of OmniScriptum Publishing Group
17 Meldrum Street, Beau Bassin 71504, Mauritius

Printed at: see last page
ISBN: 978-620-0-81392-3

Spis treści

Rozdział II. Elektryczny prąd stały

Rozdział III. Zjawiska magnetyczne

Wprowadzenie

Doktryna elektryczności i magnetyzmu ma swoją własną historię, organicznie związaną z historią rozwoju i innymi dziedzinami nauk przyrodniczych.

Te początki sięgają starożytnej Grecji. Atrakcyjność lekkich ciał tartych bursztynem i innymi przedmiotami była znana ludziom już dawno temu. Istnienie magnesu jest również znane od czasów starożytnych.

Pierwszy najpełniejszy opis zjawisk elektrycznych i magnetycznych podał angielski naukowiec Hilbert (1600). Jednak dopiero Volta (1800), Amper (1820) i Faraday (1831) odkryli sposoby wytwarzania prądu elektrycznego, ten dział fizyki zyskał ogromne znaczenie w nauce i zastosowanie w technice i życiu.

W latach sześćdziesiątych XIX wieku Maxwell podsumował nauki Faradaya na temat pól elektrycznych i magnetycznych i stworzył jedną teorię pola elektromagnetycznego.

Teoria Maxwella, będąc teorią fenomenologiczną, uogólniła prawa eksperymentalne, ale nie ujawniła związku pomiędzy elektrycznością a wewnętrzną strukturą substancji.

Kolejnym etapem w rozwoju doktryny elektryczności i magnetyzmu było stworzenie atomistycznej teorii elektryczności. Idea atomizmu ładunków elektrycznych została po raz pierwszy wyrażona przez Helmholtza (1881). Od tego czasu rozpoczął się rozwój teorii elektroniki, która wyjaśniała i przewidywała szereg zjawisk (emisja termoelektroniczna, fotoefekt, radioaktywność). Zasługa teorii elektroniki należy głównie do holenderskiego fizyka Lorenza (1909), który powiązał teorię Maxwella o polu elektromagnetycznym z właściwościami elektrycznymi materii, uważanej za zbiór ładunków elementarnych - elektronów i protonów.

Obecnie znane pozytony - cząstki o dodatnim ładunku elementarnym i masie równej masie elektronu; neutrony - cząstki bez ładunku; antyprotony - cząstki o masie zbliżonej do masy protonu, ale o ładunku ujemnym. W ostatnich latach fizyki atomowej nastąpił gwałtowny rozwój nowych, zarówno naładowanych jak i neutralnych cząstek, które zostały odkryte i otwarte.

Teoria dielektryków i magnetyki została opracowana na podstawie reprezentacji elektronicznych w pierwszej ćwierci XX wieku. A w drugiej połowie XX wieku - teoria półprzewodników.

Badania zjawisk elektrycznych doprowadziły do powstania nowoczesnej teorii struktury substancji, rozwoju elektrodynamiki kwantowej, teorii cząstek elementarnych, przestrzeni i fizyki jądrowej.

Praktyczne zastosowanie doktryny zjawisk elektrycznych i magnetycznych doprowadziło do przemysłowego i domowego wykorzystania prądu elektrycznego i fal elektromagnetycznych z urządzeń gospodarstwa domowego do nowoczesnych środków komunikacji komórkowej i technologii internetowych.

Rozdział I. Elektrostatyka

...Wszystkie przewidywania elektrostatyczne...
wynikają z jej dwóch praw.
Ale matematycznie rzecz biorąc, to jedno,
i jeszcze jedna rzecz, żeby je zastosować.
z łatwością i z odpowiednią dozą dowcipu.

R. Feynman

Spośród czterech rodzajów oddziaływań fizycznych - grawitacyjnych, elektromagnetycznych, silnie jądrowych i słabo jądrowych - oddziaływanie elektromagnetyczne jest odpowiedzialne za większość zjawisk: strukturę substancji, jej stan skupienia, właściwości elektryczne, optyczne i mechaniczne substancji.

Elektrostatyka - dział nauki o elektryczności, zajmujący się badaniem oddziaływań i właściwości układów ładunków elektrycznych, które są stacjonarne w stosunku do wybranego inercyjnego układu odniesienia.

Już w starożytnej Grecji wiadomo było o zdolności tartego bursztynu na wełnie do przyciągania płuc ciała. Grecy nazywali bursztyn "elektronem" - od tego, wiele wieków później, pojawiło się słowo "elektryczność". Do powstania elektrostatyki przyczynili się tacy naukowcy jak V. Gilbert (1540 - 1603), B. Franklin (1706 - 1790), M. Łomonosow (1711 - 1765), S. Coulomb (1736 - 1806), M. Faraday (1791 - 1867), R. Millicken (1868 - 1953) i wielu innych. Już wówczas naukowcy rozumieli, że w przyrodzie, oprócz fundamentalnej siły grawitacji, istnieją też inne siły oddziaływania pomiędzy ciałami o właściwościach elektrycznych i magnetycznych. Elektryczne siły oddziaływania mogą być zarówno siłami przyciągającymi jak i odpychającymi. Wszystkie ciała w przyrodzie są zdolne do elektryzowania, tj. pobierania ładunku elektrycznego. Ładunki jednego znaku (o tej samej nazwie) są przyciągane do siebie, różne znaki (różne nazwy) są odpychane przez siebie. W drugiej połowie XVIII wieku pojawiły się pierwsze urządzenia pomiarowe - elektroskopy różnych konstrukcji, elektrometry. Fizyk angielski G. Cavendish (1773) i fizyk francuski S. Coulomb (1785) eksperymentalnie ustanowili prawo oddziaływania stacjonarnych punktowych ładunków elektrycznych (prace Cavendisha zostały opublikowane później i dlatego autorstwo tego prawa należy do Coulomba). Zjawiska elektryczne odgrywają ważną rolę w nauce i technologii oraz decydują o rozwoju energetyki, transportu, technologii obliczeniowej itp.

1. Ładunek elektryczny i pole elektrostatyczne w próżni

Ta część poświęcona elektrostatyce, zajmuje się interakcją stacjonarnych ciał stałych naładowanych w próżni, rozpraszając uwagę na wszystkie rodzaje pól i oddziaływań z wyjątkiem elektromagnetycznych.

1.1 Ładunek elektryczny. Prawo do oszczędzania energii elektrycznej

Ładunek elektryczny jest wartością fizyczną, która określa zdolność organizmu do bycia źródłem pól elektromagnetycznych i uczestniczenia w interakcji elektromagnetycznej. Innymi słowy, ładunek jest miarą oddziaływania elektromagnetycznego ciał.

Jednostka ładunku elektrycznego w układzie SI - wisząca (Cl) - ładunek elektryczny przechodzący przez przekrój poprzeczny przewodu przy prądzie 1 A przez 1 sekundę. Opłaty są oznaczone literą łacińską Q lub q.

Ładunki elektryczne nie istnieją same w sobie, ale są to wewnętrzne właściwości cząstek elementarnych - elektronów, protonów, neutronów, mezonów, hiperonów itp. Ładunek elektryczny wszystkich cząstek elementarnych (z wyłączeniem cząstek neutralnych) jest równy w wartości bezwzględnej. Ta opłata jest nazywana opłatą *podstawową (minimalną)*:

$$e = 1{,}6 \cdot 10^{-19}\, Кл$$

Nośnikiem elementarnego ładunku ujemnego jest elektron, a ładunku dodatniego proton. Masa elektronu $m_e = 9{,}11 \cdot 10^{-31}\, кг$. Masa protonu. $m_p = 1{,}67 \cdot 10^{-27}\, кг$

Podstawowe właściwości ładunku elektrycznego zostały ustalone doświadczalnie:

- Ładunek elektryczny występuje w dwóch rodzajach: dodatni i ujemny. Ładunki o tej samej nazwie są odpychane, ładunki o różnych nazwach są przyciągane;
- ładunek elektryczny jest relatywnie niezmienny - jego wartość nie zależy od tego, czy się porusza, czy spoczywa, tzn. w różnych inercyjnych układach odniesienia ładunek jest taki sam;
- ładunek elektryczny jest dyskretny (kwantowy) - ładunek dowolnego ciała jest całą wielokrotnością elementarnego ładunku elektrycznego *e*;
- ładunek elektryczny jest dodatkiem - ładunek dowolnego układu ciał (cząstek) jest równy sumie ładunków ciał (cząstek) wprowadzanych do układu;
- Ładunek elektryczny podlega *prawu zachowania ładunku elektrycznego*: całkowity ładunek każdego zamkniętego systemu nie zmienia się wraz z zachodzącymi w nim procesami. System zamknięty jest tu zdefiniowany jako system, który nie wymienia naładowanych cząstek z otoczeniem.

$$q1 + q2 + \ldots + = konst$$

W elektrostatyce wykorzystuje się model fizyczny - punktowy ładunek elektryczny - naładowane ciało, którego kształt i wymiary nie są niezbędne w tym zadaniu.

1.2 Interakcja między ładunkami elektrycznymi. Prawo Coulomba

W 1785 roku francuski fizyk Ch. Coulomb eksperymentalnie ustanowił prawo, któremu podlega siła oddziaływania ładunków punktowych. W jego eksperymentach wisior ten mierzył siły przyciągania i odpychania naładowanych kulek za pomocą zaprojektowanego przez niego urządzenia - skręcających się wag, które były niezwykle czułe (Rys. 1).

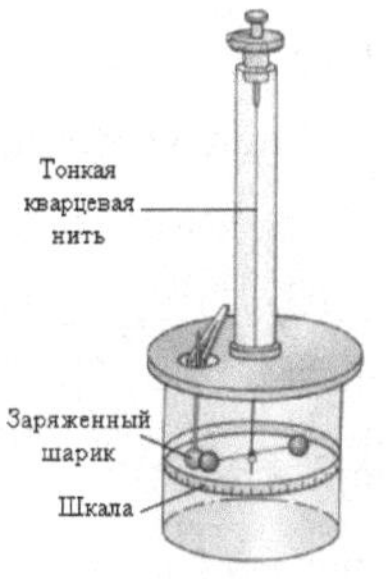

Rys.1. Skala kędzierzawki Zawieszka

Curl Scale Pendant to lekkie, bujane ramię wykonane z jedwabnej nici pokrytej woskiem i przymocowane do cienkiego srebrnego drutu o długości 10 cm. Do jednego końca wahacza przymocowana jest lekka kula, do drugiego - przeciwwaga. Urządzenie to umieszczone jest w naczyniu szklanym wykonanym z dwóch szczelnie zamocowanych cylindrów o różnych średnicach. W pokrywie naczynia znajduje się otwór, w który wkłada się pręt z wciśniętą starą kulą. Jeśli ładunek zostanie zgłoszony do kuli przymocowanej do wahacza, zostanie on przeniesiony do kuli przymocowanej do pręta i zostanie odepchnięty. Bujak będzie się obracał, a drut, do którego jest przymocowany, zacznie się skręcać, aż siły odpychania elektrycznego zostaną zrównoważone przez elastyczność drutu srebrnego. Srebrny drut, do którego zawieszona jest bujaka, mocowany jest za pomocą specjalnej klamry do wskaźnika mikrometru skrętnego, który znajduje się w górnej pokrywie cylindra. Mikrometr skrętny pozwala eksperymentatorowi na skręcenie drutu do dokładnie określonej wartości dodatkowo zmniejszając lub wręcz przeciwnie, zwiększając kąt skręcenia. W ten sposób badacz może zmierzyć siłę sprężystości i odległość pomiędzy ładunkami w kilku pozycjach równowagi.

Prawo Coulomba: siła oddziaływania *F* pomiędzy dwoma punktami stacjonarnymi ładunków w próżni jest proporcjonalna do ładunków q1 i q2 i odwrotnie proporcjonalna do kwadratu odległości *r* pomiędzy nimi:

$$F = k\frac{q_1 q_2}{r^2},$$

gdzie k - współczynnik proporcjonalności, w zależności od wybranego systemu jednostek. W SI (System Międzynarodowy - Międzynarodowy Układ Jednostek):

$$k = 9 \cdot 10^9 \frac{Н \cdot м^2}{кг^2}$$

We współczesnej interpretacji, w związku z racjonalizacją wzorów elektromagnetyzmu, współczynnik ten jest zapisywany jako

$$k = \frac{1}{4\pi\varepsilon_0},$$

gdzie ε_0 jest stała elektryczna, która jest podstawową stałą fizyczną:

$$\varepsilon_0 = 8{,}85 \cdot 10^{-12} \frac{Кл^2}{Н \cdot м^2}\left(\frac{Ф}{м}\right),$$

gdzie farad (F) jest jednostką pojemności elektrycznej.

Tak więc, prawo wisiorka próżniowego zostanie zapisane w formie:

$$F = \frac{1}{4\pi\varepsilon_0}\frac{q_1 q_2}{r^2}$$

Jeśli współdziałające ładunki znajdują się w izotropowym ośrodku dielektrycznym, siła Coulomba:

$$F = \frac{1}{4\pi\varepsilon_0\varepsilon}\frac{q_1 q_2}{r^2},$$

gdzie ε - *przenikalność dielektryczna ośrodka* - jest wartością bezwymiarową, pokazującą ile razy siła oddziaływania F pomiędzy ładunkami w tym ośrodku jest F_0 mniejsza niż ich siła oddziaływania w próżni:

$$\varepsilon = \frac{F_0}{F}$$

Przepuszczalność dielektryczna w próżni i w powietrzu jest jedna.

Siła Coulomba jest skierowana na linię prostą łączącą ładunki współpracujące, tzn. jest centralna (rys. 2) i odpowiada przyciąganiu ($F < 0$) w przypadku ładunków wieloimiennych i odpychaniu ($F > 0$) w przypadku ładunków o tej samej nazwie.

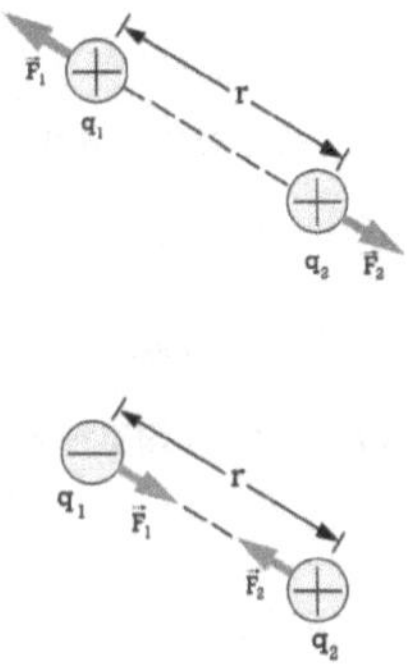

Rys.2. Skutki działania siły w zawieszeniu na opłaty

Zgodnie z Trzecim Prawem Newtona, do oskarżenia stosuje się siłę od q_2

$\vec{F}_1 = -\vec{F}_2$ strony oskarżenia q_1.

Doświadczalnie ustalono, że prawo Coulomba jest sprawiedliwe w odległości od 10-15 m (odległość pomiędzy nukleonami w rdzeniu) do kilku kilometrów.

1.3 Pole elektrostatyczne. Napięcie pola elektrostatycznego

Idea pola elektrycznego została wprowadzona przez M. Faradaya w latach 30-tych XX wieku. Kiedyś uważano, że jeden ładunek wpływa na drugi natychmiast (z nieskończoną prędkością) przez pustkę. Teoria ta nazywana była teorią zasięgu, a jej zwolennikami byli Amper i Pendant. Bardziej poprawna była jednak teoria bliskości, opracowana przez Faradaya i Maxwella. Zgodnie z ideą Faradaya ładunki elektryczne nie oddziałują na siebie bezpośrednio, a każdy z nich tworzy pole elektrostatyczne w otaczającej go przestrzeni. Przestrzeń, w której znajduje się ładunek elektryczny, ma tę właściwość, że siła elektrostatyczna Coulomba działa na inny ładunek w niej umieszczony. Mówi się, że w przestrzeni otaczającej ładunki elektryczne znajduje się pole siłowe. Zgodnie z ideami współczesnej fizyki, pole to nazywane jest specjalną formą materii, prowadzącą do pewnych oddziaływań pomiędzy makroskopowymi ciałami lub cząstkami, które są częścią tych ciał.

Pole elektrostatyczne (ES) to pole wytwarzane przez stałe ładunki elektryczne. ES ma tę właściwość, że jeśli w dowolnym jego punkcie zostanie umieszczony ładunek testowy q_0, siła działająca na niego od strony pola będzie wprost proporcjonalna do wartości tego ładunku $\sim \vec{F}_1\, q_1, \sim \vec{F}_2\, q_2 \ldots \sim \vec{F}\, q_0$.

Dlatego też stosunek siły działającej na ładunek umieszczony w danym punkcie pola do wartości tego ładunku dla każdego punktu pola nie zależy od wartości ładunku i może być traktowany jako wektor siły charakterystyczny dla pola - napięcie $\vec{E}$:

$$\vec{F}_1 / q_1 = \vec{F}_2 / q_2 \ldots = \vec{F} / q_0 = \text{konst} = \vec{E}$$

Natężenie pola elektrostatycznego jest wartością wektorową określoną przez siłę działającą na pojedynczy ładunek dodatni q_0 umieszczony w danym punkcie pola:

$$\vec{E} = \frac{\vec{F}}{q_0}$$

Jednostka natężenia pola elektrostatycznego w układzie SI - niuton na zawieszkę (N/Kl): 1 N/Kl = 1 V/m, gdzie V (volt) - jednostka potencjału pola elektrostatycznego.

Punktowe natężenie pola ładowania w próżni (i dielektryku) w formie skalarnej:

$$E = \frac{1}{4\pi\varepsilon_0} \frac{q}{r^2} \text{ - Podciśnienie}$$

$$E = \frac{1}{4\pi\varepsilon_0} \frac{q}{\varepsilon r^2} \text{ - środowisko dielektryczne.}$$

Graficznie pole elektrostatyczne przedstawiane jest za pomocą linii napięciowych - linii stycznych, do których w każdym punkcie zbiega się z kierunkiem wektora $\vec{E}$. Linie napinające są przypisane do kierunku pokrywającego się z kierunkiem wektora naprężenia. Tak więc w tym punkcie przestrzeni wektor naprężenia ma tylko jeden kierunek, wtedy linie naprężenia nigdy nie będą się przecinać (rys.3).

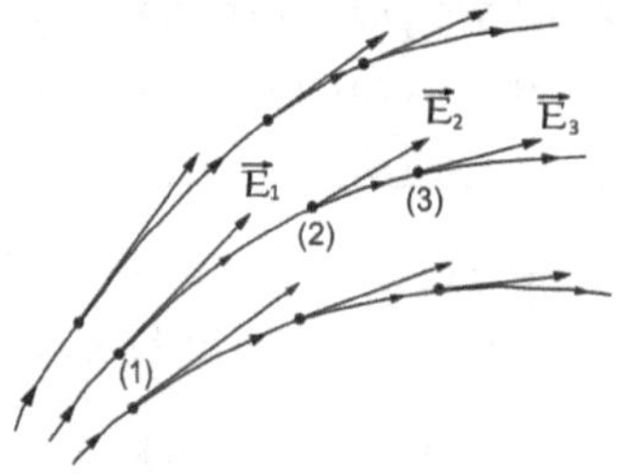

Rys.3. Linie energetyczne i wektory o natężeniu EF

Jeśli pole jest tworzone przez ładunek punktowy, linie napinające są liniami prostymi poza ładunkiem, jeśli jest on dodatni, i liniami wprowadzającymi go, jeśli jest on ujemny (Rys.4).

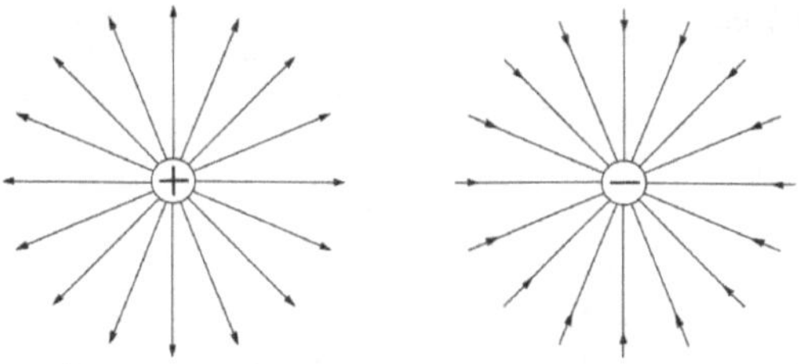

Rys.4. Linie energetyczne ES o ładunkach izolowanych

Kierunek wektora natężenia określa kierunek działania siły działającej na ładunek dodatni umieszczony w rozpatrywanym punkcie pola (rys.5).

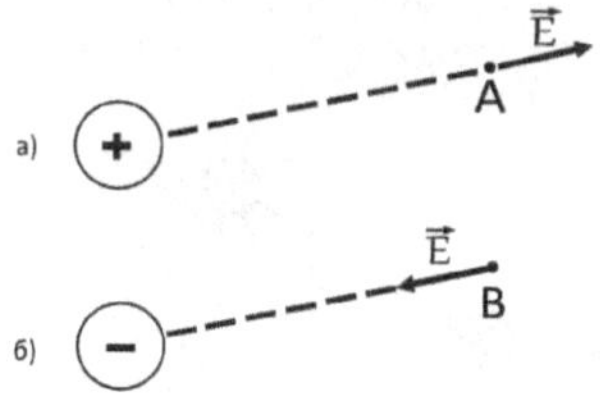

Rys.5. Kierunki wektorów natężenia EF

1.4 Zasada nakładania się pól elektrostatycznych

Jednym z głównych zadań elektrostatyki jest oszacowanie parametrów pola przy danym, stacjonarnym, rozmieszczeniu ładunków w przestrzeni. Jeden ze sposobów rozwiązywania takich problemów opiera się na zasadzie superpozycji.

Jeśli pole jest tworzone przez system stałego ładowania $q_1, q_2, ..., q_n$, wynikowa siła $\vec{F}$ działająca na testową q_0 stronę ładowania każdego z nich q_i:

$$\vec{F} = \sum_{i=1}^{n} \vec{F}_i$$

Z tego miejsca obowiązuje *zasada superpozycji pola*:

Napięcie pola wynikowego wytworzonego przez układ ładunków jest równe geometrycznej sumie natężenia pola wytworzonego w danym punkcie przez każdy z ładunków z osobna.

$$\vec{E} = \vec{E}_1 + \vec{E}_2 + ...\vec{E}_n$$

$$\vec{E} = \sum_{i=1}^{n} \vec{E}_i$$

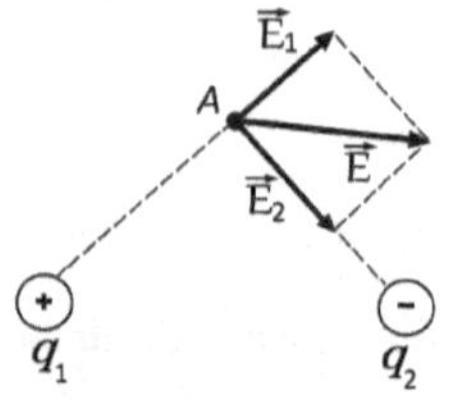

Rys.6. Zastosowanie zasady superpozycji dla systemu z dwoma ładunkami (dla napięć EF)

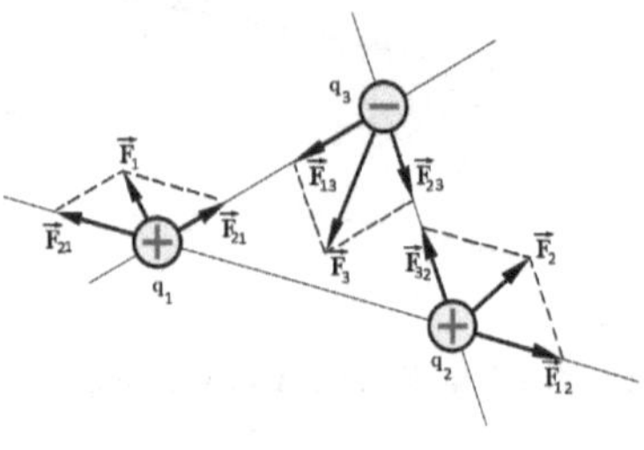

Rys.7. Zastosowanie zasady superpozycji dla systemu trzyładunkowego (dla sił Coulomba w PE)

1.5 Elektryczne dipolowe pole elektrostatyczne

Dipol - system składający się z dwóch jednakowych pod względem wielkości i przeciwstawnych ładunków znakowych, których odległość jest niewielka w porównaniu z odległością do rozpatrywanych punktów pola. Na przykład, cząsteczki dielektryczne są podobne we właściwościach do dipoli.

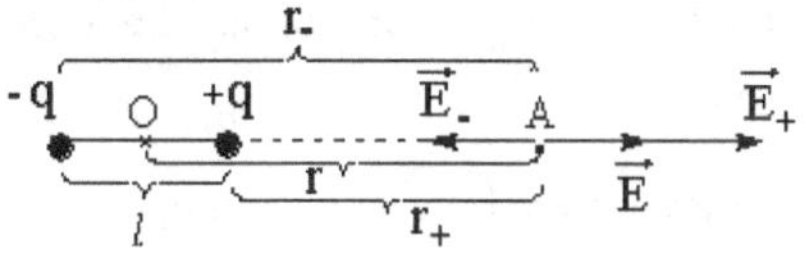

Rys.8. EA na osi dipola

Natężenie pola na przedłużeniu osi dipola w punkcie *A*. Jak widać na Rys.8, natężenie pola dipola w punkcie *A jest* skierowane wzdłuż osi dipola i jest równe

$$\vec{E}_A = \vec{E}_+ + \vec{E}_-$$

$$E_+ = \frac{1}{4\pi\varepsilon_0}\frac{q}{r_1^2}, \qquad E_- = \frac{1}{4\pi\varepsilon_0}\frac{q}{r_2^2}$$

$$r_+ = r - \frac{l}{2}, \quad r_- = r + \frac{l}{2}$$

$$E_A = E_+ - E_- = \frac{q}{4\pi\varepsilon_0}\left(\frac{1}{r_+^2} - \frac{1}{r_-^2}\right) = \frac{q}{4\pi\varepsilon_0}\left[\frac{1}{\left(r-\frac{l}{2}\right)^2} - \frac{1}{\left(r+\frac{l}{2}\right)^2}\right] = \frac{q}{2\pi\varepsilon_0}\frac{lr}{\left(r^2 - \frac{l^2}{4}\right)^2}$$

Zgodnie z definicją dipola $r\,.\,l/2$

$$E = \frac{ql}{2\pi\varepsilon_0 r^3}$$

$\vec{P} = q\vec{l}$ - moment dipolowy

$$E = \frac{P}{2\pi\varepsilon_0 r^3}$$

Pytania kontrolne

1. Sformułuj prawo, aby oszczędzać ładunki elektryczne.
2. Napisz prawo do wisiorków.
3. Co to jest napięcie pola elektrycznego (EV)?
4. Jaka jest zasada superpozycji PE?
5. Podać pojęcie linii energetycznych ES i wektora natężenia ES.

6. Co to jest dipol?

1.6 Przepływ wektora natężenia pola elektrostatycznego

Linie energetyczne służą jedynie do wizualizacji rozkładu pola w przestrzeni, nie mają żadnego fizycznego sensu.

Aby ocenić wartość natężenia pola w danym obszarze przestrzeni według położenia linii energetycznych w tym obszarze, uzgodniono narysowanie linii energetycznych o takiej gęstości, aby liczba linii przecinających jeden obszar prostopadły do linii energetycznych była równa natężeniu pola elektrostatycznego w danym miejscu.

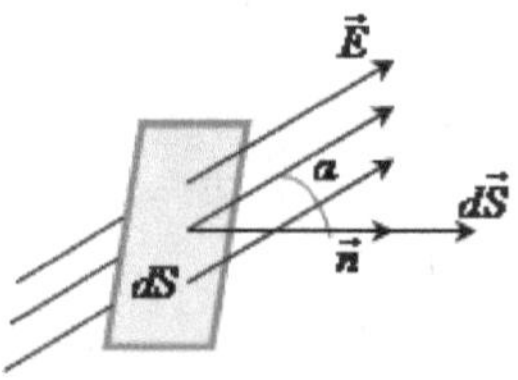

Rys.9. Aby określić przepływ wektorowy natężenia EF

Następnie liczba linii napinających przenikających przez elementarne miejsce dS jest równa $EdS\cos\alpha = E_n dS$, gdzie E_n - rzut wektora na $\vec{E}$ normalny do $\vec{n}$ miejsca dS. (Wektor $\vec{n}$ jest pojedynczym wektorem prostopadłym do miejsca dS). Wartość ta wynosi .

$$d\Phi_E = EdS_\perp = EdS\cos\alpha = E_n dS = \vec{E}d\vec{S}$$

nazywany jest przepływem wektora napięcia przez miejsce dS. Oto $d\vec{S} = dS\vec{n}$ wektor, którego moduł jest równy dS, a kierunek wektora pokrywa się z kierunkiem do $\vec{n}$ miejsca.

Przepływ wektorowy $\vec{E}$ przez dowolnie zamkniętą powierzchnię S:

$$\Phi_E = \oint_S E_n dS = \oint_S \vec{E}d\vec{S}$$

Pojęcie przepływu wektora napięcia okazuje się przydatne w obliczaniu pól elektrostatycznych tworzonych przez powierzchnie naładowane, dla których zastosowanie prawa Wisiorka jest praktycznie niemożliwe.

Każdy naładowany organ może być uznany za zestaw opłat punktowych. Wygodnie jest wziąć pod uwagę, że ładunki są rozmieszczone w polu ładowania w sposób ciągły - wzdłuż pewnej linii, powierzchni lub objętości. Dlatego też stosuje się pojęcia liniowej, powierzchniowej i objętościowej gęstości ładunków.

Liniowa gęstość ładunków elektrycznych

$$\tau = \frac{dq}{dl}$$

Gęstość powierzchniowa ładunków elektrycznych

$$\sigma = \frac{dq}{dS}$$

Gęstość objętościowa ładunków elektrycznych jest określana przez

$$\rho = \frac{dq}{dV}$$

1.7 Twierdzenie Gaussa dotyczące próżniowego pola elektrostatycznego

Obliczanie natężenia pola elektrycznego układu ładowania elektrycznego może być znacznie ułatwione poprzez zastosowanie twierdzenia niemieckiego uczonego K. Gaussa (1777-1855), który definiuje przepływ wektora natężenia EF przez arbitralnie zamkniętą powierzchnię.

Twierdzenie Gaussa jest najłatwiejsze do udowodnienia w przypadku punktowego samotnego pola ładowania w próżni.

Otoczyć ładunek punktowy o kulistej powierzchni o promieniu *r*, ze środkiem w miejscu załadunku (rys. 10).

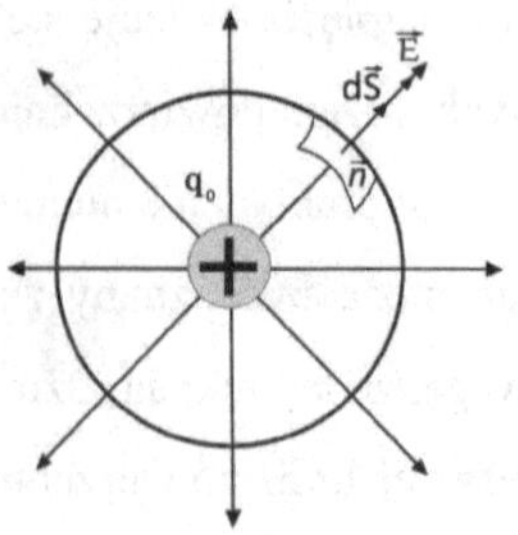

Rys.10. Do dowodu na twierdzenie Gaussa dla ES

Obliczmy natężenie przepływu ES przez tę zamkniętą kulistą powierzchnię. Wyróżnijmy elementarną platformę dS z normalną $\vec{n}$ na kuli. Strumień elementarny jest równy $d\Phi_E = E_n dS$, pełny strumień przechodzący przez zamkniętą powierzchnię przez całkowanie jest równy.

$$\Phi_E = \oint_S E_n dS = ES$$

Punktowe napięcie ładowania $E = \frac{1}{4\pi\varepsilon_0}\frac{q_0}{r^2}$, obszar kuli $S = 4\pi r^2$.

Następnie poprzez pominięcie indeksu przy pobieraniu opłaty,

$$\Phi_E = \frac{q}{4\pi\varepsilon_0 r^2}4\pi r^2 = \frac{q}{\varepsilon_0}.$$

Wynik ten odnosi się nie tylko do powierzchni sferycznej. Może to być dowolna powierzchnia zamknięta pokrywająca ładunek punktowy. Jeśli zamknięta powierzchnia nie pokrywa ładunku, przepływ przez tę powierzchnię jest zerowy, ponieważ liczba linii energetycznych wchodzących przez nią jest równa liczbie linii energetycznych wychodzących przez nią.

$q_1, q_2, ..., q_n$ Generalnie, gdy wewnątrz powierzchni znajduje się kilka ładunków, każdy z nich tworzy odpowiedni przepływ napięcia przez tę powierzchnię. Następnie pełny przepływ przez zamkniętą powierzchnię można uzyskać poprzez zastosowanie zasady nakładania się pól

$$\Phi_E = \oint_S \left(\sum_{i=1}^{n} \vec{E}_i\right) d\vec{S} = \sum_{i=1}^{n} \oint_S \vec{E} d\vec{S} = \sum_{i=1}^{n} \frac{q_i}{\varepsilon_0} = \frac{1}{\varepsilon_0}\sum_{i=1}^{n} q_i$$

Gauss Theorem dla próżniowego pola elektrostatycznego:

Przepływ wektora natężenia pola elektrostatycznego w próżni przez arbitralnie zamkniętą powierzchnię jest proporcjonalny do algebraicznej sumy wolnych ładunków wewnątrz tej powierzchni.

Jeśli algebraiczna suma ładunków wewnątrz zamkniętej powierzchni jest wartością dodatnią, wówczas przepływ natężenia powstałego pola elektrostatycznego jest skierowany na zewnątrz; jeśli suma ta jest ujemna, wówczas przepływ ten jest skierowany wewnątrz powierzchni.

Rozważmy kilka przykładów obliczeń napięć pól elektrostatycznych.

1.7.1 Pole jednolicie naładowanego, nieskończonego cylindra (gwinty)

Powiedzmy, że jest nieskończenie długi dodatnio naładowany jednorodny cylinder lub gwint. Gęstość liniowa ładunków $\tau = \frac{dq}{dh}$. Ustalmy intensywność EF w dowolnym momencie. W tym celu, zgodnie z twierdzeniem Gaussa, konieczne jest skonstruowanie arbitralnie zamkniętej powierzchni otaczającej ładunki, tj. naładowanego cylindra (przędzy). Będzie to cylinder o dowolnej wysokości i promieniu, równym odległości między napełnionym cylindrem lub gwintem a punktem przeszukiwanym (rys.11).

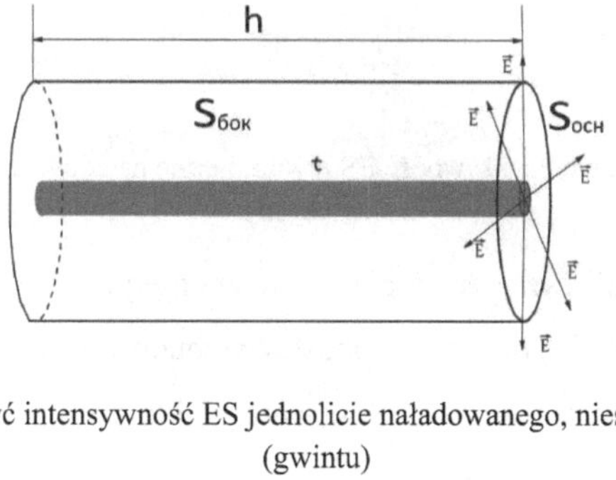

Rys.11. Aby obliczyć intensywność ES jednolicie naładowanego, nieskończonego cylindra (gwintu)

$\Phi_E = \frac{1}{\varepsilon_0}\sum_{i=1}^{n} q_i$ Zgodnie z twierdzeniem Gaussa. W naszym przypadku $\sum_{i=1}^{n} q_i =$ τh.

Z drugiej strony, zgodnie z definicją wektora natężenia przepływu ES $\Phi_E = \oint_S E_n dS = ES$. Przepływ wektorowy natężenia EF przechodzi tylko przez boczną powierzchnię zabudowanego cylindra *S=2πrh*.

$2E\pi rh = \frac{\tau h}{\varepsilon_0}$ Stąd. Albo $E = \frac{\tau}{2\pi\varepsilon_0 r}$...

1.7.2 Pole równomiernie naładowanej, nieskończonej płaszczyzny

Określmy intensywność ES, która tworzy dodatnio naładowaną, jednolitą, nieskończoną płaszczyznę. Gęstość powierzchniowa ładunków $\sigma = \frac{dq}{dS}$.

Ustalmy intensywność EF w dowolnym momencie. W tym celu, zgodnie z twierdzeniem Gaussa, konieczne jest skonstruowanie arbitralnie zamkniętej powierzchni otaczającej ładunki, tj. płaszczyzny naładowanej. Najwygodniejszym do tego celu jest cylinder, którego oś jest prostopadła do płaszczyzny, a w jednej z podstaw znajduje się wymagany punkt, w którym konieczne jest określenie wartości natężenia EF (rys.12).

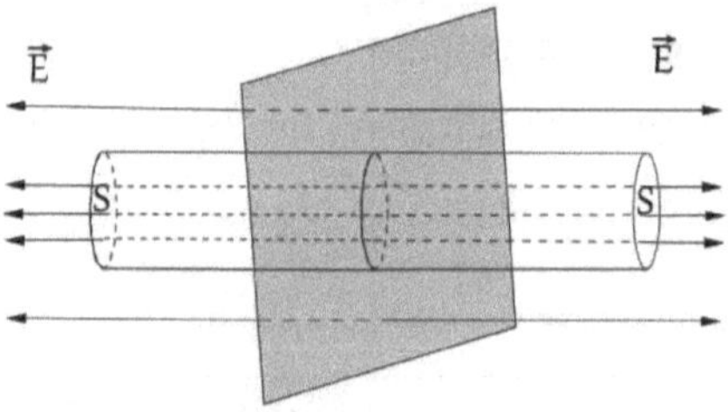

Rys.12. Aby obliczyć intensywność ES równomiernie naładowanej nieskończonej płaszczyzny

Płaszczyzna dzieli cylinder na pół. Linie energetyczne ES są prostopadłe do płaszczyzny i przechodzą przez obie podstawy zbudowanego cylindra. Następnie za pomocą twierdzenia Gaussa i określania wektora natężenia przepływu EF otrzymujemy $\Phi_E = \frac{1}{\varepsilon_0}\sum_{i=1}^{n} q_i$, $\sum_{i=1}^{n} q_i = \sigma S$ $\Phi_E = \frac{\sigma S}{\varepsilon_0}$, $\Phi_E = 2ES$ $\frac{\sigma S}{\varepsilon_0} = 2ES$ $E = \frac{\sigma}{2\varepsilon_0}$.

1.7.3 Pole pomiędzy dwoma równoległymi, naładowanymi nieskończenie dużymi płaszczyznami.

W tym przypadku linie elektroenergetyczne EF pochodzące z płaszczyzn naładowanych dodatnio i ujemnie mają jeden kierunek pomiędzy tymi płaszczyznami (rys.13). I właśnie dlatego wynikowa intensywność ES ma podwójną wartość w porównaniu z intensywnością ES tworzoną przez jedną płaszczyznę.

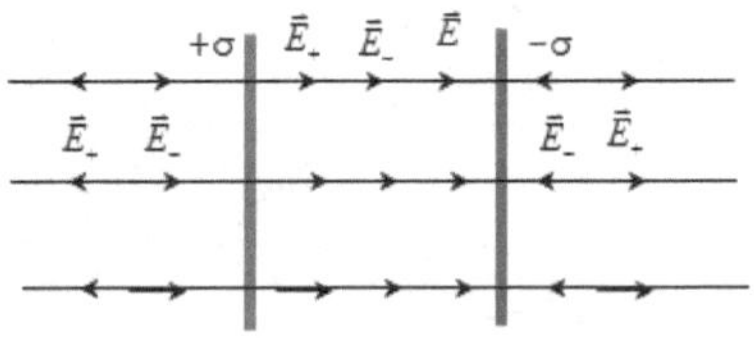

Rys.13. Dla obliczeń EA istnieją różne nazwy pomiędzy dwoma równoległymi nazwami ładowane nieskończone samoloty

To znaczy $E = \dfrac{\sigma}{\varepsilon_0}$...

1.7.4 Pole równomiernie naładowanej kuli

Załóżmy, że istnieje równomiernie naładowana kula o ładunku dodatnim q i promieniu R (Rys.14). I konieczne jest znalezienie intensywności EF w pewnej odległości od niej, a także wewnątrz tej sfery. Następnie, zgodnie z twierdzeniem Gaussa, ta naładowana kula powinna być otoczona kulistą powierzchnią o promieniu r przechodzącym przez poszukiwany punkt przestrzeni.

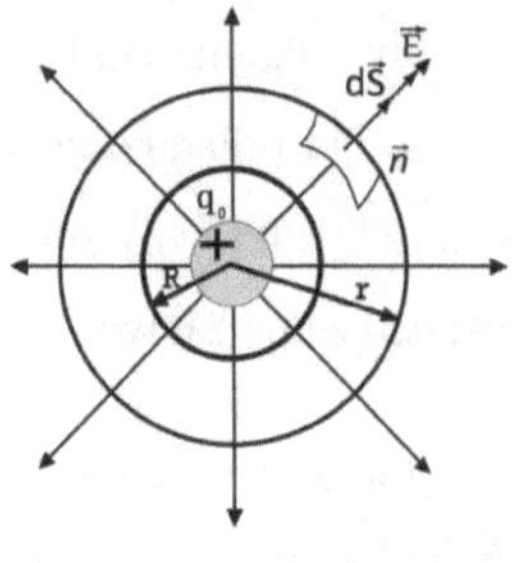

Rys.14. Dla ES obliczanie równomiernie naładowanej kuli

Dla ułatwienia analizy przedstawmy Rys. 14 w wersji płaskiej (Rys. 15) dla dwóch przypadków: dla dowolnych punktów na zewnątrz i wewnątrz naładowanej kuli.

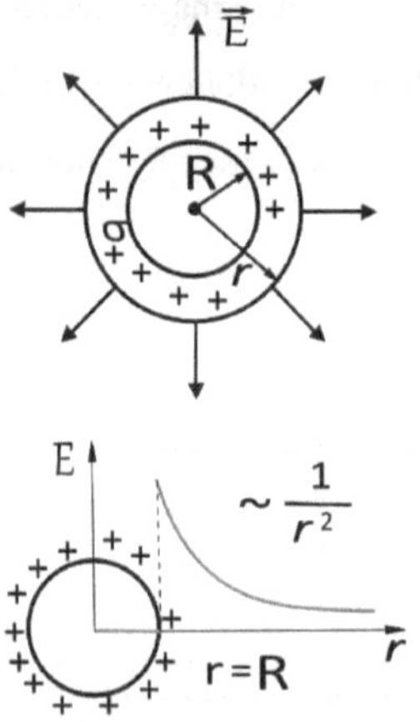

Rys.15. Dla ES obliczanie równomiernie naładowanej kuli

Następnie dla punktu poza równomiernie naładowaną kulą w odległości r od środka kuli $\Phi_E = \oint_S E_n dS = ES$. Powierzchnia kulistej powierzchni promienia *r* jest równa" = 4πr2. Wtedy $\Phi_E = \sum_{i=1}^{n} \frac{q_i}{\varepsilon_0} = \frac{1}{\varepsilon_0} \sum_{i=1}^{n} q_i = \frac{q}{\varepsilon_0}. 4\pi r^2 E = \frac{q}{\varepsilon_0}$

To znaczy $E = \frac{1}{4\pi\varepsilon_0} \frac{q}{r^2}$... Pole to jest równoważne natężeniu pola ładunku punktowego, gdzie q jest całkowitym ładunkiem kuli.

Wewnątrz sfery ładunków nie ma i dlatego zgodnie z twierdzeniem Gaussa przepływ wektora intensywności ES jest równy zeru. Potem E=0.

Rys.15 przedstawia rozkład natężenia EF w funkcji odległości od środka kuli.

1.7.5. Pole kuli naładowanej objętościowo

W przypadku jednolicie naładowanej kuli o dodatnim ładunku objętościowym $\rho = \frac{dq}{dV}$ i promieniu *R* stosuje się takie samo podejście jak w przypadku kuli naładowanej, biorąc pod uwagę, że kula nie jest pusta w środku i ma ciągły ładunek.

Głośność kuli $V = \frac{4}{3}\pi R3$. Następnie $\rho = \frac{dq}{dV}$ = q/4/3πR3. Albo q = $^{4\pi\rho R3/3}$.

Jeśli $r > R$ (pole poza kulą): .

Jeśli $r = R$ (pole na powierzchni piłki): = $E = \frac{1}{4\pi\varepsilon_0}\frac{q}{R^2}$ $\rho R/3\varepsilon 0$.

Jeżeli $r < R$ (pole wewnątrz kuli), to przy zastosowaniu twierdzenia Gaussa i definicji wektora natężenia ES przepływu, 4πr2E = · Zastępując tę wartość $q = 4\pi\rho R^3/3$ otrzymujemy $E = \rho r/3\varepsilon 0$. Wewnątrz kuli natężenie ES rośnie liniowo wraz z odległością od środka kuli (rys.16).

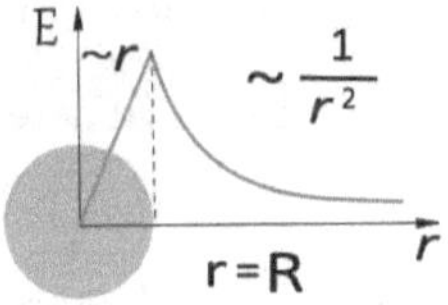

Rys.16. Dla ES obliczanie objętościowo naładowanej kuli

Pytania kontrolne

1. Aby dać pojęcie o przepływie wektora napięcia EP.
2. Sformułuj twierdzenie Gaussa.
3. Podaj przykłady zastosowania twierdzenia Gaussa do obliczeń ES.

1.8 Eksploatacja podczas przemieszczania się ładunku w polu elektrostatycznym i jego energii potencjalnej

Umieśćmy ładunek testowy q0 w ES utworzonym przez punktowy ładunek dodatni i, działając na niego siłą $\vec{F}$, przenieśmy ten ładunek testowy na dowolną odległość $d\vec{l}$ (Rys. 17).

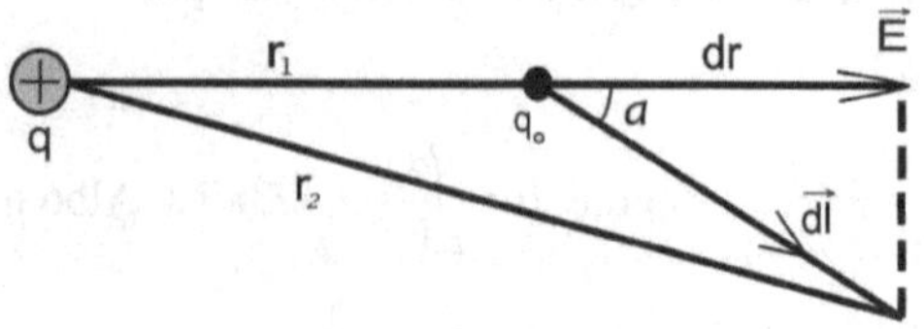

Rys.17. Na zakończenie formuły pracy dotyczącej przekazywania opłat na rzecz ES

dr - projekcja segmentu $d\vec{l}$ na linii energetycznej. $\alpha = \left(\vec{E}, d\vec{l}\right)$.. Znajdźmy pracę, żeby przenieść ten ładunek.

$$dA = \vec{F}d\vec{l} = Fdl\cos\alpha = q_0 Edl\cos\alpha = q_0 Edr = \frac{1}{4\pi\varepsilon_0}\frac{qq_0}{r^2}dr$$

Praca przy przenoszeniu ładunku

$$A = \int \frac{1}{4\pi\varepsilon_0}\frac{qq_0}{r^2}dr = \frac{1}{4\pi\varepsilon_0}\left(\frac{qq_0}{r_1} - \frac{qq_0}{r_2}\right),$$

gdzie *r1, r2 to* odległości pomiędzy punktem początkowym i końcowym ładowania q.

Z formuły widać, że praca wykonywana podczas przemieszczania próbnego ładunku punktowego q0 w polu ładunku punktowego q, nie zależy od kształtu ścieżki, po której porusza się ładunek q0. Zależy to tylko od początkowej i końcowej pozycji opłaty oraz od wartości tych opłat.

W związku z tym, pole elektrostatyczne ładunku punktowego jest potencjalne, a siły elektrostatyczne są zachowawcze.

Tak więc, w przypadku ścieżki zamkniętej, punkt początkowy i końcowy pokrywają się, a praca przemieszczania ładunku jest równa zeru.

$$dA = Edl\cos\alpha = Edl\cos(\vec{E}, d\vec{l})$$
$$A = \oint_L Edl\cos(\vec{E}, d\vec{l}) = \oint_L (\vec{E}, d\vec{l}) = 0$$

Więc możesz to zapisać $\oint_L (\vec{E}, d\vec{l}) = 0$.

Integracja ta nazywana jest cyrkulacją wektora napięcia wzdłuż danego obwodu zamkniętego *L*.

Twierdzenie o cyrkulacji wektora natężenia pola elektrostatycznego:

Cyrkulacja wektora natężenia pola elektrostatycznego wzdłuż dowolnego obwodu zamkniętego jest równa zeru.

Pole siłowe z tą właściwością nazywane jest *potencjalnym.*

Teraz ustalmy, jaką energię ma ładunek w polu elektrostatycznym.

Każdy ładunek lub naładowane ciało w polu elektrostatycznym ma energię. Ilość tej energii zależy od dwóch okoliczności: wysokości opłaty i jej pozycji w polu. Energia, w zależności od pozycji ciał systemu, jest potencjalna. Dlatego każdy ładunek umieszczony w polu elektrostatycznym innych ładunków ma energię potencjalną.

Każda zmiana pozycji ładunku w polu prowadzi do zmiany jego energii.

Praca sił konserwatywnych jest wykonywana w związku z utratą potencjalnej energii. Dlatego też pracę A_{12} można przedstawić jako różnicę energii potencjalnych ładunku q0 w początkowych i końcowych punktach pola ładunku q:

$$A_{12} = \frac{1}{4\pi\varepsilon_0}\frac{qq_0}{r_1} - \frac{1}{4\pi\varepsilon_0}\frac{qq_0}{r_2} = W_1 - W_2$$

Energia potencjalna ładunku q0 w odległości od gotu jest równa

$$W = \frac{1}{4\pi\varepsilon_0}\frac{qq_0}{r} + const$$

Wierząc, że usuwając ładunek w nieskończoność, potencjalna energia jest zamieniana na zero, otrzymujemy $const = 0$.

Dla ładunków o tej samej nazwie energia potencjalna ich oddziaływania (odpychanie) jest dodatnia, dla ładunków o różnych nazwach energia potencjalna ich oddziaływania (przyciąganie) jest ujemna.

Jeżeli pole jest tworzone przez układ n-punktowych ładunków, to energia potencjalna ładunku q0 znajdującego się w tym polu jest równa sumie jego energii potencjalnej wytworzonej przez każdy z ładunków z osobna:

$$W = \sum_{i=1}^{n} W_i = q_0 \sum_{i=1}^{n} \frac{q}{4\pi\varepsilon_0 r_i}$$

1.9. Potencjał pola elektrostatycznego

Energia ładunku (lub ciała naładowanego) wprowadzonego do pola charakteryzuje to pole.

Współczynnik ten $\frac{W}{q_0}$ jest niezależny od ładunku testowego i stanowi energię charakterystyczną dla pola zwanego potencjałem:

$$\varphi = \frac{W}{q_0}$$

Potencjał φ w dowolnym punkcie pola elektrostatycznego jest skalarną wielkością fizyczną określoną przez energię potencjalną pojedynczego dodatniego ładunku umieszczonego w tym punkcie.

Potencjał pola utworzonego przez ładunek punktowy q jest równy

$$\varphi = \frac{1}{4\pi\varepsilon_0}\frac{q}{r}$$

1.10. Potencjalna różnica

Wybierz dwa punkty 1 i 2 w polu elektrostatycznym. Praca wykonywana przez siły pola elektrostatycznego podczas przemieszczania ładunku q_0 z punktu 1 do punktu 2 nie zależy od kształtu ścieżki, po której porusza się ładunek i jest proporcjonalna do tego ładunku. Dlatego pracę można sobie wyobrazić: $A_{12} = W_1 - W_2 = q_0(\varphi_1 - \varphi_2) = q_0\Delta\varphi$ gdzie wartość $\Delta\varphi$ jest wielkością fizyczną, która odgrywa ważną rolę w fizyce i elektrotechnice, zwaną różnicą potencjałów elektrycznych lub napięcia elektrycznego.

Różnica potencjałów w polu elektrostatycznym zależy od pracy wykonywanej przez siły pola przy przemieszczaniu pojedynczego ładunku dodatniego z punktu 1 do punktu 2:

$$\varphi_1 - \varphi_2 = \Delta\varphi = \frac{A_{12}}{q_0}$$

Jednostka potencjału - wolty (V): 1B ma potencjał takiego punktu pola, w którym ładunek 1 Kl ma energię potencjalną 1 J (1 V = 1 J/1 Kl).

Tylko różnica potencjałów (lub napięcia) pomiędzy dwoma punktami w polu elektrycznym ma fizyczny sens, ponieważ praca przenoszenia ładunku w polu jest określona tylko wtedy, gdy zarówno początek jak i koniec tej ścieżki przenoszenia są ustawione.

1.11. Zasada potencjalnej superpozycji. Powierzchnie ekwipotencjalne

Jeśli pole jest tworzone przez kilka ładunków, potencjał pola systemu ładowania jest równy sumie algebraicznej pól wszystkich tych ładunków:

$$\varphi = \sum_{i=1}^{n} \varphi_i$$ - potencjalna zasada superpozycji.

Tak jak linie natężenia pola elektrostatycznego są przedstawione graficznie, można również przedstawić różnice potencjałów (napięcia).

Wyobraź sobie powierzchnię o potencjalnej zerowej różnicy dla dowolnej pary punktów. Taka powierzchnia nazywana jest powierzchnią ekwipotencjalną, lub powierzchnią o równym potencjale. Powierzchnie ekwipotencjalne są zazwyczaj ułożone w taki sposób, że potencjalne różnice pomiędzy dwoma sąsiadującymi ze sobą powierzchniami ekwipotencjalnymi są takie same. Gęstość powierzchni ekwipotencjalnych wskazuje wtedy wyraźnie na natężenie pola w różnych punktach. Tam, gdzie powierzchnie te są gęstsze, natężenie pola jest większe (Rys.18).

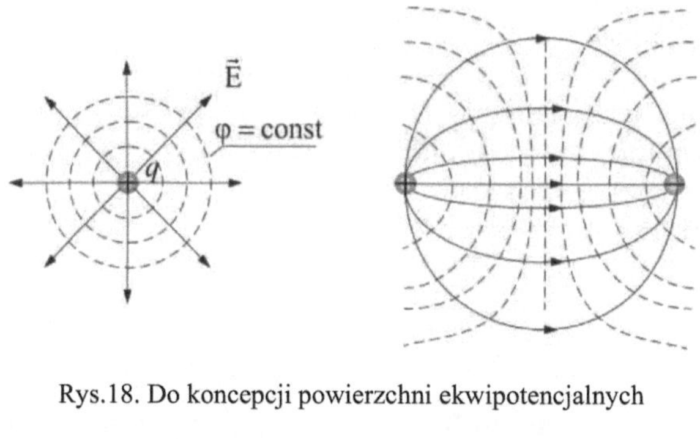

Rys.18. Do koncepcji powierzchni ekwipotencjalnych

$\varphi = \dfrac{1}{4\pi\varepsilon_0}\dfrac{q}{r}$ W przypadku potencjału naładowania punktowego, powierzchnie ekwipotencjalne są więc sferami koncentrycznymi. Z drugiej strony, linie naciągu są promieniowymi liniami prostymi. W związku z tym linie naciągu są prostopadłe do powierzchni ekwipotencjalnych.

We wszystkich przypadkach:

1) Wektor $\vec{E}$ jest prostopadły do powierzchni ekwipotencjalnych.
2) Wektor jest $\vec{E}$ zawsze skierowany na zmniejszenie potencjału.

1.12. Związek między napięciem a potencjałem

Dla pola potencjalnego istnieje związek pomiędzy charakterystyką mocy pola elektrycznego - napięcia i charakterystyki energetycznej - potencjału.

Praca polegająca na przemieszczeniu jednego dodatniego ładunku elektrycznego z jednego punktu pola do drugiego wzdłuż osi x jest równa $dA = qEdx$. Praca jest również równa $dA = qd\varphi$. Z tych równań otrzymujemy

$$E = -\frac{d\varphi}{dx} = -grad\varphi = -\nabla\varphi,$$

gdzie (∇ "pisane na maszynie") jest operator Hamilton'a: $\nabla = \dfrac{\partial}{\partial x}\vec{i} + \dfrac{\partial}{\partial y}\vec{j} + \dfrac{\partial}{\partial z}\vec{k}$

Oznacza to, że natężenie pola jest równe potencjalnemu gradientowi ze znakiem minus. Znak minus wskazuje, że wektor natężenia pola jest skierowany na potencjalny spadek.

Pytania kontrolne

1. Jaki jest potencjalny charakter PE?
2. Jakie są potencjały i potencjalne różnice?
3. Czym są powierzchnie ekwipotencjalne?
4. Jaka jest relacja między potencjałem a intensywnością EA?

2. pole elektrostatyczne w dielektrykach

2.1 Izolatory. Rodzaje izolatorów

Dielektryki (izolatory) - substancje, które praktycznie nie przewodzą prądu elektrycznego w normalnych warunkach. Termin "dielektryk" (z greckiego diá - through i electric - electric) został wprowadzony przez M. Faradaya w celu opisania substancji, przez które przenikają pola elektryczne. Nie ma idealnych izolatorów w naturze, ale substancje zwane dielektrykami przewodzą od ^{1015} do 1020 razy mniej prądu niż substancje zwane przewodnikami. Mają one niską przewodność elektryczną, ponieważ mają bardzo mało wolnych cząstek - elektronów i jonów.

Istnieją dielektryki gazowe (gazy, powietrze), ciekłe (oleje, ciekłe substancje organiczne) i stałe (parafina, polietylen, mika, ceramika).

Dielektryk składa się z atomów i molekuł. Ogólnie rzecz biorąc, cząsteczka jest neutralna elektrycznie, ponieważ ładunek dodatni wszystkich jąder cząsteczki jest równy całkowitemu ładunkowi elektronów. Jeżeli ładunki dodatnie jąder cząsteczek zostaną zastąpione ładunkiem całkowitym +q, który znajduje się w "środku ciężkości" ładunków dodatnich, a ładunek wszystkich elektronów - ładunkiem całkowitym ujemnym - q, który znajduje się w "środku ciężkości" ładunków ujemnych, cząsteczki można uznać za dipole elektryczne z momentem elektrycznym.

Są trzy rodzaje dielektryków:

1) Dielektryki z niepolarnymi molekułami (N2, H2, O2, CO2). Są to substancje, których cząsteczki mają strukturę symetryczną, tzn. środki "grawitacji" ładunków dodatnich i ujemnych przy braku zewnętrznego pola elektrycznego pokrywają się - moment dipolowy cząsteczki wynosi zero. W takich dielektrykach, molekuły nazywane są niepolarnymi.

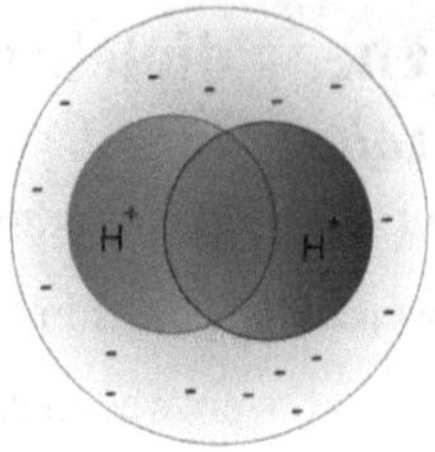

Rys.19. Schemat niepolarnej cząsteczki wodoru

2) Dielektryki z molekułami polarnymi (SO2, NH3, CO, woda H2O, amoniak, aceton, ester). Są to substancje, których cząsteczki mają asymetryczną strukturę, to znaczy, że środki "ciężkości" ładunków dodatnich i ujemnych nie pokrywają się. Takie molekuły mają moment dipolowy przy braku zewnętrznego pola elektrycznego. Dzięki ruchowi termicznemu, cząsteczki dipoli są losowo umieszczane w dielektryku, tzn. bez dominującego kierunku. W tych dielektrykach, molekuły są nazywane molekułami polarnymi.

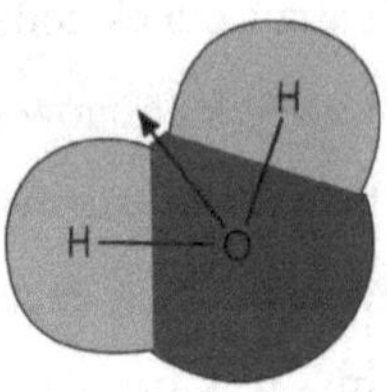

Rys.20. Schemat cząsteczki wody polarnej

3) Dielektryka jonowa (NaCl, KCl, KBr). Są to substancje, których molekuły mają strukturę jonową. Kryształy jonów są przestrzennymi kratami z prawidłową przemiennością jonów o różnych znakach.

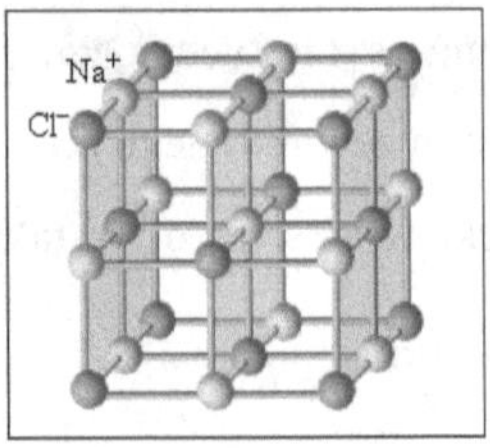

Rys.21. Siatka krystaliczna soli kuchennej

2.2 Polaryzacja dielektryków

W przypadku wprowadzenia materiału dielektrycznego do zewnętrznego pola elektrycznego, wynikowy moment elektryczny materiału dielektrycznego jest różny od zera. Proces ten nazywany jest polaryzacją dielektryczną. Polaryzacja dielektryka jest procesem orientacji dipola lub pojawienia się dipola zorientowanego polowo pod wpływem pola elektrycznego.

Istnieją trzy rodzaje polaryzacji dielektrycznej:

1) Elektroniczna polaryzacja dielektryków z molekułami niepolarnymi. Jeśli taki dielektryk zostanie umieszczony w zewnętrznym polu elektrycznym, dodatni ładunek cząsteczek przesunie się w kierunku tego pola, a powłoka elektronowa rozciągnie się w przeciwnym kierunku. Cząsteczka stanie się polarna (dipol) jak dipol elektryczny (Rys.22).

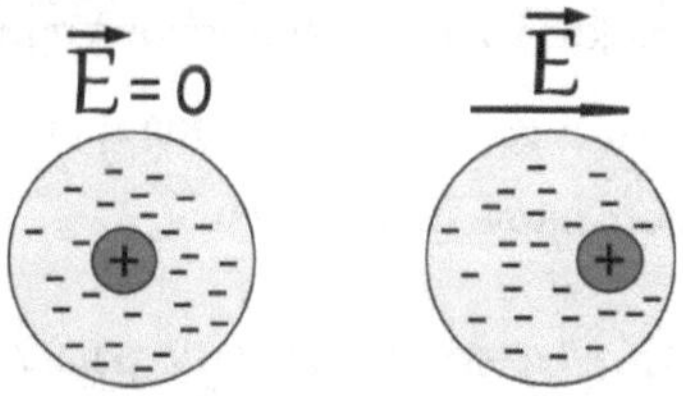

Rys.22. Cząsteczka niepolarna przed i po polaryzacji dielektrycznej

Gdy dielektryk zostanie umieszczony w polu elektrycznym, wszystkie niepolarne molekuły zamienią się w molekuły dipolowe ułożone w łańcuchy wzdłuż linii pola. Warunkowo taka polaryzacja może być przedstawiona w następujący sposób.

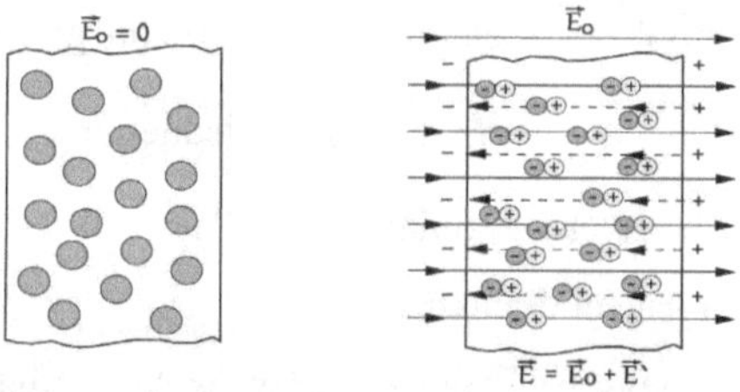

Rys.23. Mechanizm polaryzacji elektronów w dielektryku niepolarnym

2) Polaryzacja orientacyjna dielektryka z molekułami polarnymi. Pod wpływem zewnętrznego pola elektrycznego wszystkie molekuły dielektryka będą obracane tak, aby ich osie znajdowały się w przybliżeniu wzdłuż linii natężenia pola. W rezultacie, dielektryk zostanie spolaryzowany.

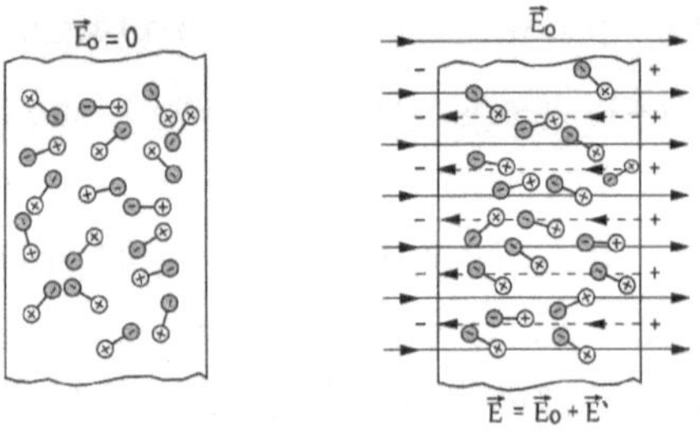

Rys.24. Mechanizm polaryzacji w orientacji polarnej dielektrycznej

3) Polaryzacja jonowa dielektryka z siatkami jonowymi (Rys. 21). Przesunięcie subtelnych jonów dodatnich wzdłuż pola oraz jonów ujemnych względem pola prowadzi do powstania momentów dipolowych.

2.3 Polaryzacja, podatność dielektryczna i przepuszczalność dielektryczna substancji

Aby scharakteryzować stopień polaryzacji dielektryka, wprowadza się wartość zwaną wektorem polaryzacji $\vec{P}$(lub polaryzacją) i określoną przez wyrażenie:

$$\vec{P} = \frac{\vec{P}_V}{V} = \frac{\sum_{i=1}^{n} P_i}{V}$$

gdzie $\vec{P}_V$- moment dipolowy dielektryka umieszczonego w zewnętrznym polu elektrostatycznym; $\vec{P}_i$ - moment dipolowy jednej molekuły; V- objętość dielektryka. Tak więc wektor polaryzacji $\vec{P}$jest określany przez moment dipolowy jednostki objętości dielektrycznej.

W przypadku większości dielektryków, wektor polaryzacji jest liniowo zależny od natężenia pola zewnętrznego $\vec{E}$:

$$\vec{P} = \chi\varepsilon_0\vec{E},$$

gdzie χ jest podatność dielektryczna substancji, bezwymiarowa wartość, która zależy od charakteru substancji. Charakteryzuje się stopniem polaryzacji substancji. Dla wielu dielektryków (stałych i płynnych) jest kilka jednostek.

Ładunki polaryzacyjne tworzą wewnątrz dielektryka pole wewnętrzne, $\vec{E}'$ którego wektor natężenia jest skierowany przeciwnie do wektora $\vec{E}_0$ natężenia pola zewnętrznego. Zgodnie z zasadą superpozycji, napięcie powstałego pola w dowolnym punkcie wewnątrz dielektryka będzie równe

$$\vec{E} = \vec{E}_0 + \vec{E}'$$

ze względu na wielkość

$$E = E_0 - E'$$

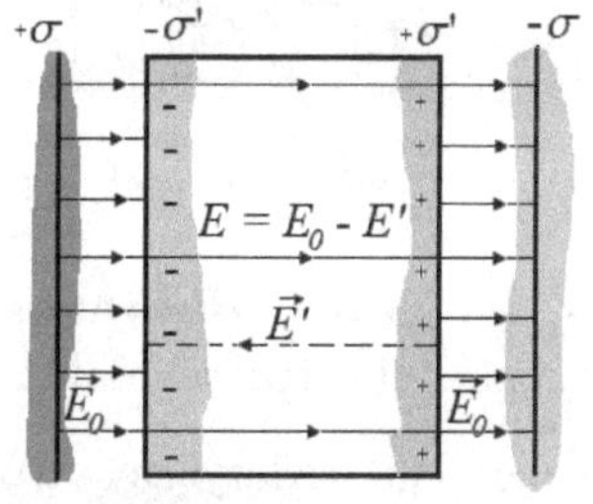

Rys.25. Pole elektryczne w dielektrykach

Więc pole elektrostatyczne w dielektryku osłabia się. Dlatego siła oddziaływania pomiędzy dwoma ładunkami umieszczonymi w ośrodku dielektrycznym jest mniejsza niż siła oddziaływania w próżni.

Stopień osłabienia pola charakteryzuje się stosunkiem

$$\varepsilon = \frac{E_0}{E},$$

gdzie ε jest dielektryczna przepuszczalność medium. Jest to bezwymiarowa wartość, która charakteryzuje zdolność dielektryka do polaryzacji w polu elektrycznym i pokazuje, ile razy pole jest osłabione przez dielektryk. Dla gazów $\approx \varepsilon\, 1$, dla wody $\approx \varepsilon\, 81$.

Przepuszczalność dielektryczna większości substancji zależy od temperatury. Spada wraz ze wzrostem temperatury.

ε χ Istnieje związek pomiędzy charakterystyką dielektryka a właściwościami dielektryka. Załatwmy to.

Spójrzmy na dielektryk jak na elektryczny dipol. Pełny moment dipolowy płyty dielektrycznej o grubości d i powierzchni krawędzi S: $P_V = PV = PSd = qd = \sigma' Sd$. Stąd $P = \sigma'$, gdzie σ' to gęstość powierzchniowa ładunków sprzężonych w dielektryku.

$$E = E_0 - \frac{\sigma'}{\varepsilon_0} = E_0 - \frac{P}{\varepsilon_0} = E_0 - \frac{\chi\varepsilon_0 E}{\varepsilon_0} = E_0 - \chi E$$

W związku z tym, wynikowe natężenie pola wewnątrz dielektryka jest równe:

$$E = \frac{E_0}{1+\chi} = \frac{E_0}{\varepsilon}$$

$$\varepsilon = 1 + \chi$$

2.4 Przemieszczenie elektryczne (indukcja pola elektrycznego)

Cechą charakterystyczną pola elektrycznego niezależnego od otoczenia jest indukcja pola elektrycznego lub elektryczny wektor przemieszczenia $\vec{D}$, określony przez wyrażenie

$$\vec{D} = \varepsilon\varepsilon_0\vec{E} = \varepsilon_0(1+\chi)\vec{E} = \varepsilon_0\vec{E} + \vec{P}$$

Elektryczna jednostka przemieszczeniowa - Celsjusz/m2.

Elektryczna linia przemieszczenia to linia w każdym punkcie, w którym $\vec{D}$ wektor pokrywa się ze styczną w tym punkcie. Dlatego kierunek wektora pokrywa się $\vec{D}$ z kierunkiem wektora natężenia EF (rys.3).

Twierdzenie Gaussa dotyczące pola elektrostatycznego w dielektryku jest podobne do tego, które dotyczy rozważanego wcześniej przepływu wektora natężenia EF (1.7): przepływ wektora przemieszczenia pola elektrostatycznego w dielektryku przez arbitralnie zamkniętą powierzchnię jest równy algebraicznej sumie wolnych ładunków elektrycznych wewnątrz tej powierzchni.

$$\oint_S \vec{D}d\vec{S} = \oint_S D_n dS = \sum_{i=1}^{n} q_i$$

Do ciągłego rozprowadzania ładunku w przestrzeni o dużej gęstości nasypowej $\rho = dq / dV$

$$\oint_S \vec{D}d\vec{S} = \int_V \rho dV$$

2.5 Segnetoelektryka

Niektóre związki chemiczne w stanie stałym mają bardzo nietypowe i ciekawe właściwości dielektryczne. Segnetoelektryki są krystalicznymi dielektrykami, które mają spontaniczną (spontaniczną) polaryzację w pewnym zakresie temperatur, która zmienia się znacząco pod wpływem czynników zewnętrznych. Właściwości segnetoelektryczne odkryto najpierw w kryształach soli segmentowej KNaC4H4O6-4H2O w 1920 r., a następnie w dwuwodorofosforanie potasu (KDP) KN2PO4). Dlatego wszystkie takie dielektryki zostały nazwane segenetoelektrykami. Szczegółowe badania właściwości dielektrycznych soli segmentowej przeprowadzono w latach 1930-1934. I.Kurchatov i P.Kobeko, którzy założyli wszystkie główne nieruchomości segmentu elektryków.

Pierwszą cechą charakterystyczną segmentu elektryków jest to, że w pewnym zakresie temperatur są one $\varepsilon > 1000$. Drugą cechą jest zależność ε od $\vec{E}$, która jest nieliniowa (Rys. 26).

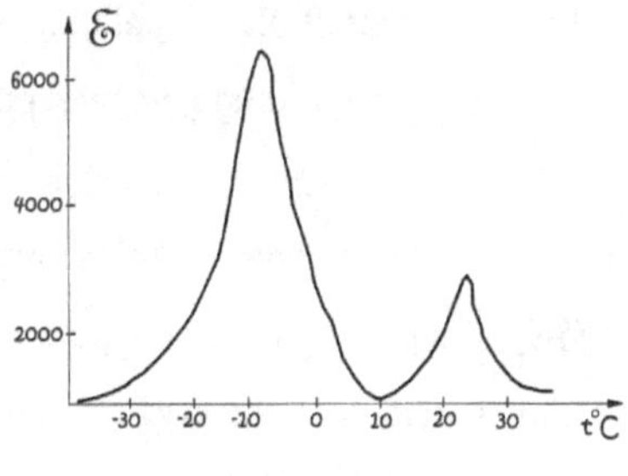

Rys.26. Przepuszczalność dielektryczna soli segmentowej w funkcji w ułamku temperatury pola

Z wykresu widać, że istnieją pewne temperatury, dla których są ε bardzo wysokie. Te temperatury, powyżej których znikają właściwości segmentowe, nazywane są punktem Curie. Przy innych temperaturach, segmentoelektryk zachowuje się jak zwykły dielektryk.

Ze względu na szczególnie silne oddziaływanie cząstek, objętość kryształu jest podzielona na oddzielne obszary. Segnetoelektryka składa się z domen - obszarów o różnych kierunkach polaryzacji.

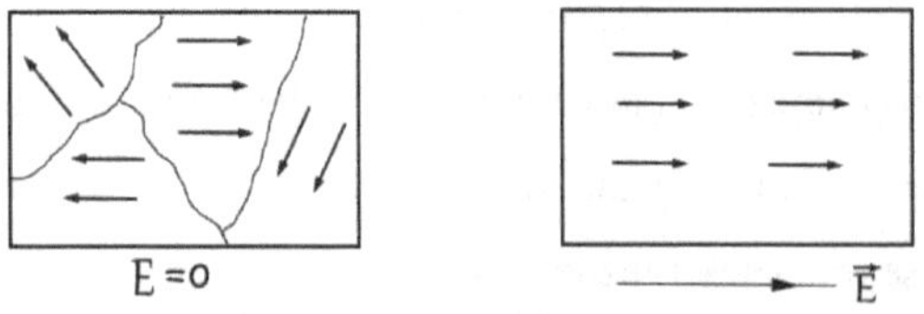

Rys.27. Schemat polaryzacji domenowej segmentu ferroelektrycznego.
(Wektory strzałek polaryzujących)

W normalnym stanie segnetoelektrycznym jest mozaika domen, a w obrębie każdej z nich ma swój własny kierunek spontanicznej polaryzacji, natomiast w obszarach spoistych tych kierunków są inne, tak że ogólnie rzecz biorąc, moment elektryczny kryształu jest zerowy. Pod wpływem pola zewnętrznego w domenach następuje zmiana kierunku polaryzacji, tak że ferruginator nabywa moment elektryczny w kierunku linii natężenia pola. Wynikające z tego całkowite pole elektryczne domen utrzyma ich pewną orientację nawet po zakończeniu działania pola.

Sól Segnetovu zaczęła być stosowana w kolektorach dźwięku telefonów elektrycznych, mikrofonów, słuchawek i innych podobnych urządzeń (np. w aparatach słuchowych). Substancja ta była szczególnie szeroko stosowana w okresie zwiększonego zapotrzebowania na elektrotechnikę w latach powojennych. W porównaniu z innymi przetwornikami, napięcie wyjściowe soli segmentowej jest bardzo wysokie. Znajduje szerokie zastosowanie w wielu dziedzinach nowoczesnych technologii: inżynierii radiowej, elektroakustyce, elektronice kwantowej i technice pomiarowej.

Pytania kontrolne

1. Jakie są rodzaje dielektryków?
2. Jaki jest mechanizm polaryzacji dla dielektryków niepolarnych i polarnych?
3. Podaj pojęcie polaryzacji, przepuszczalności dielektrycznej i receptywności substancji.
4. Czym są segenetoelektryki i jaki jest ich mechanizm polaryzacji?

3. Przewody w polu elektrostatycznym

Przewody różnią się od dielektryków obecnością wolnych ładunków - cząstek naładowanych, których położenie nie jest połączone z punktem wewnątrz substancji. Darmowe ładunki są napędzane przez pole elektryczne i mogą poruszać się po całej objętości przewodnika.

Przewody są substancjami dobrze przewodzącymi prąd elektryczny, tzn. mają wysoką przewodność elektryczną z uwagi na dużą liczbę ruchomych cząstek naładowanych. Dzielą się one na elektroniczne (metale), jonowe (elektrolity) i mieszane, gdzie następuje ruch zarówno elektronów jak i jonów (np. plazmy).

3.1 Przewód w zewnętrznym polu elektrostatycznym

Pierwszą wspólną właściwością przewodników w polu elektrostatycznym jest to, że natężenie pola $\vec{E}$ wewnątrz przewodnika jest wszędzie równe zeru.

Umieścić przewodnik w jednorodnym polu elektrostatycznym, takim jak metalowa kulka.

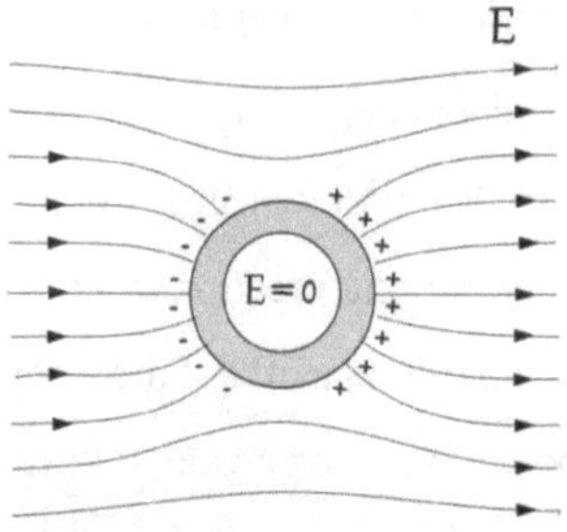

Rys. 28. Metalowa kulka w EP.

W rezultacie lewa strona powierzchni piłki zostanie naładowana ujemnie, podczas gdy prawa strona zostanie naładowana dodatnio. Zjawisko to nazywane jest indukcją elektrostatyczną. Wywołane ładunki stworzą w przewodniku własne pole, które będzie skierowane na przeciwległe do pola zewnętrznego. Redystrybucja ładunków w przewodniku będzie miała miejsce do momentu, gdy pole zewnętrzne wewnątrz przewodu zostanie zrekompensowane przez jego własne pole ładowania. Zatrzyma to redystrybucję ładunków, a pole wewnątrz przewodnika będzie zerowe. Nie ma więc $\vec{E}=0$ pola wewnątrz przewodnika umieszczonego w polu elektrostatycznym.

Używając wzoru z $E=-grad\varphi$ wartością pola równą zero $E=0$ otrzymujemy $grad\varphi=0 \Rightarrow \varphi=const$. Oznacza to, że wszystkie punkty wewnątrz żyły mają ten sam potencjał, żyła jest ciałem ekwipotencjalnym, a powierzchnia żyły jest powierzchnią ekwipotencjalną.

Wprowadzenie takiej kuli do pola zewnętrznego powoduje, że pole to spada: w pobliżu przewodnika staje się niejednorodne.

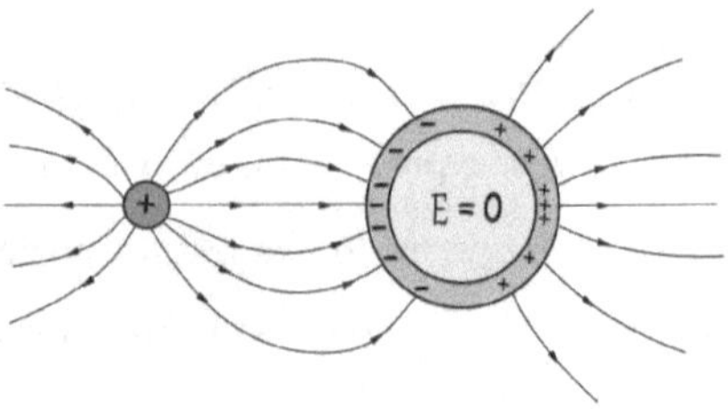

Rys. 29. zjawisko indukcji elektrostatycznej. Ochrona elektrostatyczna

Oczywiście, EA będzie nieobecna nie tylko wewnątrz silnego dyrygenta, ale także wewnątrz pustej kuli. Na tym właśnie opiera się ochrona elektryczna: urządzenie, które musi być chronione przed zewnętrznym EF, jest ze wszystkich stron otoczone przewodem, np. grubą siatką. Faraday po raz pierwszy udowodnił to eksperymentalnie. Zbudował on pustą kostkę o krawędzi 4 m, pokrył jej ściany dobrze przewodzącym materiałem, odizolował ją od Ziemi i zgłosił duży ładunek. Najpierw umieścił w środku czuły elektroskop i nie znalazł prądu w sześcianie.

Następnie umieścił siebie z zapaloną świecą i narzędziami wewnątrz jamy. I pomimo tego, że zewnętrzna powierzchnia kostki była bardzo mocno naładowana i iskry odbijały się prawie ze wszystkich stron, żadne urządzenie niczego nie wykryło.

W przypadku asymetrycznie naładowanego ciała, gęstość powierzchni ładunku różni się w różnych punktach powierzchni: jest mała w pobliżu wgłębień i przyjmuje najwyższą wartość w punkcie zaostrzenia.

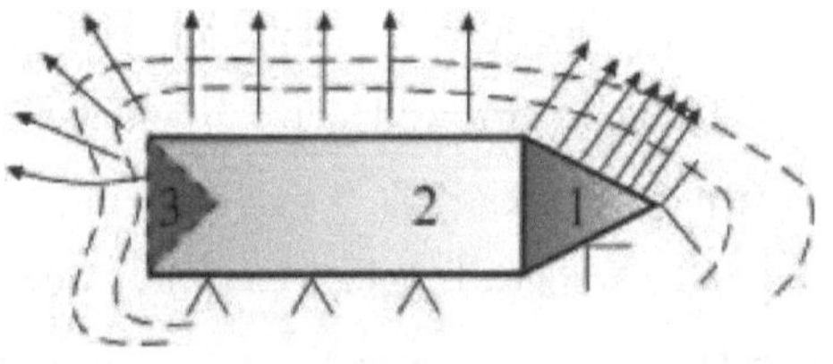

Rys. 30: Powierzchnie potencjału (linie przerywane) i linie energetyczne ES (linie ze strzałkami) naładowanego metalowego przewodnika nieregularny kształt

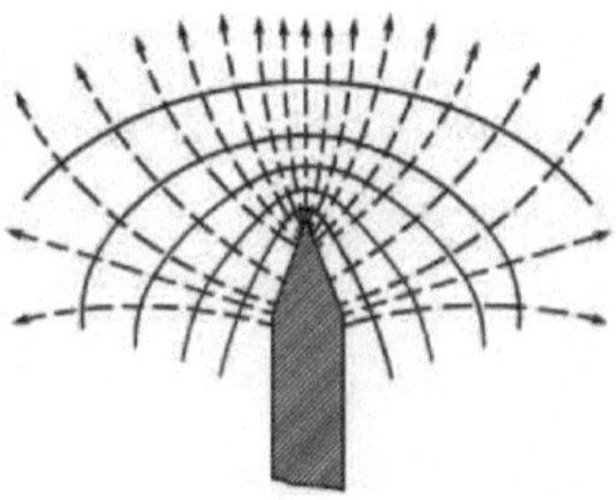

Rys.31. Rozkład ES w pobliżu krawędzi

Dlatego linie natężenia pola będą niejednorodne. Prowadzi to do swoistego zjawiska "przepływu" ładunków z punktów metalowych. Zjawisko to jest wykorzystywane w urządzeniu z piorunochronem. Podczas burzy na Ziemi pojawiają się duże indukowane ładunki, a na jej powierzchni powstaje silne pole elektryczne. Natężenie pola jest szczególnie wysokie w pobliżu ostrych przewodów, dlatego też na końcu pioruna następuje zapłon wyładowania koronowego. W związku z tym na budynku nie mogą gromadzić się indukowane ładunki i nie dochodzi do wyładowań atmosferycznych. W tych samych przypadkach, w których występuje piorun (takie przypadki są bardzo rzadkie), uderza on w piorun, a ładunki trafiają na Ziemię nie powodując żadnych uszkodzeń. Aby zapobiec odpływowi ładunków elektrycznych, wszystkie urządzenia i maszyny wysokiego napięcia posiadają metalowe części, które są dobrze zaokrąglone, a końcówki metalowych prętów są wyposażone w gładkie kulki.

3.2 Pojemność elektryczna

Pojemność elektryczna jest cechą przewodnika, skalarną wielkością fizyczną, która charakteryzuje zdolność przewodnika lub układu przewodników do akumulowania ładunku elektrycznego.

Przyjrzyjmy się przewodnikowi naładowanemu, który znajduje się w jednorodnym środowisku z dala od innych ciał naładowanych - przewodnikowi izolowanemu. Wiadomo, że powierzchnia żyły jest ekwipotencjalna, tzn. potencjał w dowolnym punkcie powierzchni żyły jest taki sam. Dlatego też potencjał ten można uznać za cechę charakterystyczną naładowanego przewodnika. Z doświadczenia wynika, że wraz ze wzrostem ładunku przewodnika wzrasta jego potencjał:

$$q_1\,\varphi_1$$

$$q_2\,\varphi_2$$

$$\cdots\cdots\cdots$$

$\dfrac{q_1}{\varphi_1} = \dfrac{q_2}{\varphi_2} = ... = const = C$ - pojemność elektryczna, czyli pojemność.

$C = \dfrac{q}{\varphi}$ - pojemność elektryczną odseparowanego przewodu.

Pojemność elektryczna lutowanego przewodu jest niezależna od ładunku i jest stałą wartością.

Pojemność lutowanego przewodnika nie zależy od jego masy lub substancji. Gdy ładunek jest przekazywany do przewodnika, jest on rozprowadzany po jego powierzchni. Co więcej, rozkład ten zależy tylko od kształtu ciała, jego wielkości i właściwości dielektrycznych otoczenia. Pojemności geometrycznie podobnych przewodów są proporcjonalne do ich wymiarów liniowych.

Na przykład, pojemność ustronnej, przewodzącej prąd kuli:

$$C = \frac{q}{\varphi} = 4\pi\varepsilon_0 R$$

Jednostka pojemności elektrycznej - Farad (F): 1F - pojemność takiego odseparowanego przewodnika, którego potencjał zmienia się na 1V, gdy komunikat do niego o ładunku 1Kl.

3.3. Kondensatory. Przyłącze skraplacza

Odosobnione przewody mają małą pojemność. Nawet kula tak duża jak Ziemia ma pojemność tylko 710 μF. W praktyce, istnieje zapotrzebowanie na urządzenia, które przy niewielkim stosunku do otaczających je ciał, gromadziłyby na sobie, tj. "skondensowane" ładunki o znacznej wielkości. Największy wpływ na silny wzrost pojemności przyjmowanego przewodnika będzie miało to, że w jego pobliżu znajdzie się inny przewodnik, niosący na sobie ładunek, przeciwny do tego ładunku, który ma tego przewodnika. W tym przypadku pole elektryczne w otaczającej przestrzeni jest gwałtownie osłabione i zwiększa się pojemność przewodnika. To jest podstawa dla urządzenia kondensatorów. *Skraplacz* (od lat. *Condensare* - "do uszczelnienia", "do skroplenia") - dwubiegunowy o pewnej lub zmiennej wartości pojemności i niskiej przewodności; urządzenie do gromadzenia ładunku i energii pola elektrycznego. Kondensator to przewodnik oddzielony warstwą materiału dielektrycznego, którego grubość jest niewielka w porównaniu z wielkością przewodnika. Przewody w tym przypadku nazywane są osłonami kondensatorów.

Aby ciała zewnętrzne nie wpływały na pojemność kondensatora, osłony są ukształtowane i tak umieszczone względem siebie, że pole wytwarzane przez przechowywane na nich ładunki jest skoncentrowane wewnątrz kondensatora. Jest to warunkowo spełnione przez dwie równoległe płyty umieszczone blisko siebie, dwa cylindry współosiowe i dwie koncentryczne kule. W związku z tym, istnieją kondensatory następujących typów: płaskie, cylindryczne i kuliste.

Rys. 32 przedstawia schematy najprostszych kondensatorów.

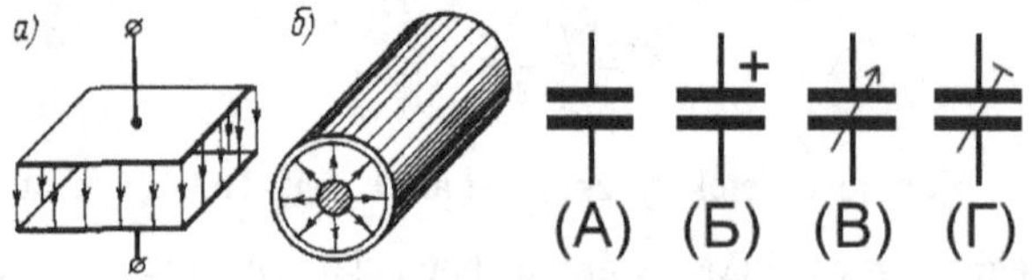

Rysunek 32 Kondensatory płaskie (a) i cylindryczne (b)

Oznaczenia kondensatorów na obwodach: (**A**) jest zwykłym kondensatorem, (**B**) - elektrolityczny, (**C**) - zmienny, (**D**) - podciąg.

Główną cechą kondensatora jest jego pojemność, która charakteryzuje zdolność kondensatora do akumulowania ładunku elektrycznego. Pojemność kondensatora jest wartością fizyczną równą stosunkowi ładunku zakumulowanego w kondensatorze do różnicy potencjałów pomiędzy osłonami:

$$C = \frac{q}{\varphi_1 - \varphi_2} = \frac{q}{U}$$

Jest to ogólny wzór stosowany do każdego kondensatora. W zależności od wymiarów geometrycznych i kształtu kondensatora, istnieją ostateczne wzory dla każdego typu kondensatora.

Wywnioskujmy wzór na pojemność kondensatorów płaskich.

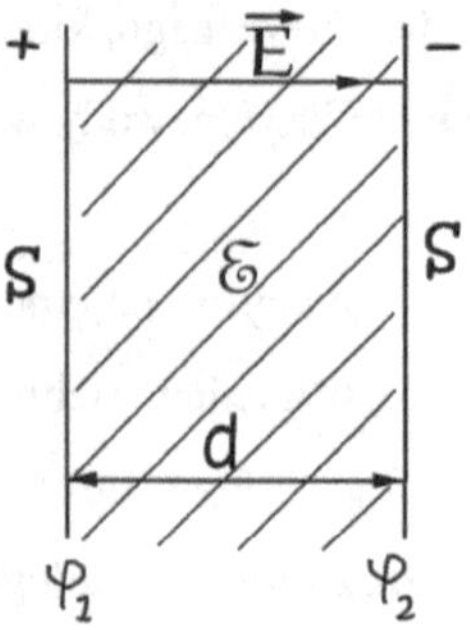

Rys.33. Do wyjściowego wzoru na pojemność kondensatora płaskiego

Tutaj S to powierzchnia każdej z osłon, d to odległość pomiędzy osłonami, ε to stała dielektryczna ośrodka.

Jeżeli wymiary liniowe płyt są duże w porównaniu z odległościami pomiędzy płytami, to EA pomiędzy płytami może być uznane za równoważne z polem pomiędzy dwoma nieskończonymi płaszczyznami (twierdzenie Gaussa).

Następnie $E = \dfrac{\sigma}{\varepsilon\varepsilon_0}$, gdzie σ jest gęstość powierzchniowa ładunku.

$q = \sigma S$. . . $E = \dfrac{q}{\varepsilon\varepsilon_0 S}$ $E = -grad\varphi = -\dfrac{d\varphi}{dr}$ $-d\varphi = Edr$. Reintegracja .

$$-\int_{\varphi_1}^{\varphi_2} d\varphi = \int_0^d Edr \Rightarrow \varphi_1 - \varphi_2 = U = \frac{qd}{\varepsilon\varepsilon_0 S}$$

$C = \dfrac{q}{U} = \dfrac{q\varepsilon\varepsilon_0 S}{qd} \Rightarrow C = \dfrac{\varepsilon\varepsilon_0 S}{d}$ - pojemność kondensatora płaskiego.

Podobne wyjście dla kondensatora cylindrycznego prowadzi do wyrażenia

$$C = 2\pi\varepsilon\varepsilon_0 l \frac{1}{\ln\dfrac{R_2}{R_1}}$$

A dla kondensatora kulistego, do wyrażenia

$$C = \frac{4\pi\varepsilon\varepsilon_0}{\left(\dfrac{1}{R_1} - \dfrac{1}{R_2}\right)} = 4\pi\varepsilon\varepsilon_0 \frac{R_1 R_2}{R_2 - R_1}$$

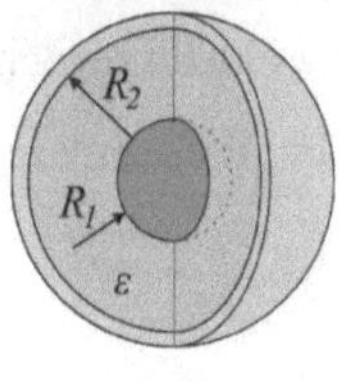

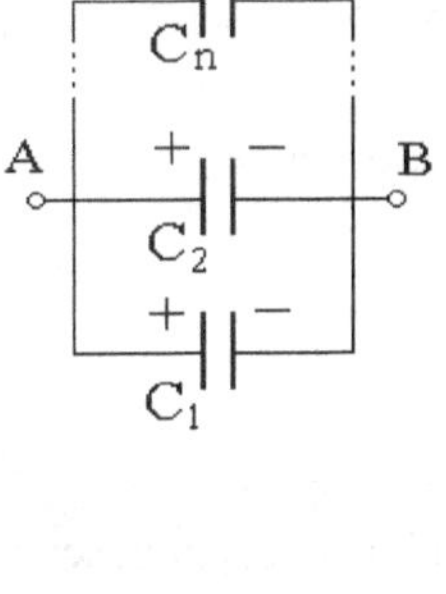

Kondensatory mogą być łączone w obwody równolegle i szeregowo.

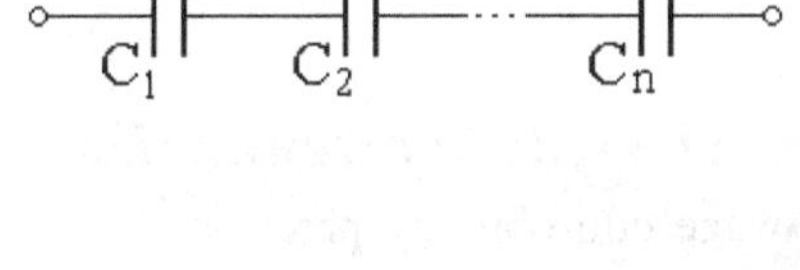

Rysunek 34. Równoległe i szeregowe połączenie kondensatorów

W kondensatorach podłączonych równolegle, $C_1, C_2, ... C_n$ różnica potencjałów w osłonach kondensatorów jest taka sama.

Pełna pojemność $C = \frac{q}{U} = \frac{\sum_{i=1}^{n} q_i}{U} = \frac{\sum_{i=1}^{n} C_i \Delta\varphi}{U} = \sum_{i=1}^{n} C_i$

W przypadku kondensatorów podłączonych szeregowo, $C_1, C_2, ... C_n$ ładunki wszystkich rdzeni są równe moduł po module, a całkowita różnica potencjałów wynosi

$$U = \Delta\varphi = \sum_{i=1}^{n} \Delta\varphi_i = \sum_{i=1}^{n} \frac{q}{C_i} = \frac{q}{C} \Rightarrow \frac{1}{C} = \sum_{i=1}^{n} \frac{1}{C_i}$$

Pytania kontrolne

1. Jak rozkładają się ładunki na powierzchni przewodów?
2. Co to jest ochrona elektrostatyczna?
3. Jaka jest pojemność elektryczna samotnego przewodnika i od czego ona zależy?
4. Jakie są rodzaje kondensatorów? Przeznaczenie kondensatorów.
5. Sposoby na podłączenie kondensatorów. Wzory do ich obliczania.
6.

4. energia pola elektrostatycznego

4.1 Energy of the fixed point charge system

Dla układu dwóch ładunków q1 i q2 w odległości *r* od siebie, każdy z nich w polu drugiej strony ma energię potencjalną

$$W_1 = q_1\varphi_{12} = q_1 \frac{1}{4\pi\varepsilon\varepsilon_0} \frac{q_2}{r} = q_2 \frac{1}{4\pi\varepsilon\varepsilon_0} \frac{q_1}{r} = q_2\varphi_{21} = W_2$$

Więc $W = q_1\varphi_{12} = q_2\varphi_{21} = \frac{1}{2}(q_1\varphi_{12} + q_2\varphi_{21})$... Dodając kolejno jeden ładunek na raz, otrzymujemy, że energia oddziaływania układu *n* stacjonarnych ładunków punktowych jest równa $W = \frac{1}{2}\sum_{i=1}^{n} q_i\varphi_i$

4.2 Energia naładowanego przewodnika

Weźmy pod uwagę odosobniony przewodnik o ładunku q, pojemności *C*, *потенциаломφ*. Elementarnaya praca *dA*, wykonana przez sily zewnetrzne na definicji kulonovskiekh sily ottalkivaniya na transferze ladunku od nieskończonosci na przewodniku ravnadnik $dA = \varphi dq = C\varphi d\varphi$. Aby naładować przewód od potencjału zerowego do φ, konieczne jest wykonanie następujących prac

$$A = \int_0^{\varphi} C\varphi d\varphi = \frac{C\varphi^2}{2}$$

Energia naładowanego odłączonego przewodnika

$$W = \frac{C\varphi^2}{2} = \frac{q^2}{2C} = \frac{q\varphi}{2}$$

4.3 Energy of the charged capacitor

Podstawowa praca sił zewnętrznych przy przenoszeniu małego ładunku z pokrywy 2 kondensatorów na pokrywę 1:

$$dA = Udq = \frac{qdq}{C}$$

Działanie sił zewnętrznych, gdy ładunek kondensatora wzrośnie od 0 do

$$A = \int_0^{q} \frac{qdq}{C} = \frac{q^2}{2C}$$

Energia naładowanego kondensatora

$$W = \frac{q^2}{2C} = \frac{CU^2}{2} = \frac{qU}{2}$$

4.4 Energy of the electrostatic field. Gęstość objętościowa energii

Aby uzyskać formułę energii ES, należy rozważyć jakiś szczególny przypadek. Weźmy płaski kondensator. W takim kondensatorze cała energia ES jest skoncentrowana w szczelinie pomiędzy osłonami

$C = \frac{\varepsilon\varepsilon_0 S}{d}$ $U = Ed$ и . Stąd, $W = \frac{1}{2}\varepsilon\varepsilon_0 E^2 Sd = \frac{1}{2}\varepsilon\varepsilon_0 E^2 V$ energia PE.

$V = Sd$ - objętość pola.

Jeśli pole jest jednorodne, cała zgromadzona w nim energia jest rozłożona w przestrzeni o stałej gęstości.

$w = \frac{W}{V} = \frac{1}{2}\varepsilon\varepsilon_0 E^2$ - gęstość objętościowa energii ES.

Pytania kontrolne

1. Znajdź wyrażenie dla energii naładowanego przewodnika.
2. Udowodnij, że EA ma energię i znajdź wyrażenie dla jej gęstości objętościowej.

Rozdział II. Elektryczny prąd stały

"Odkrycie Ohma było jasną pochodnią.
który oświetlał ten obszar energii
elektrycznej,
który był owinięty w ciemności przed nim.
Jedynym, który jest w stanie zdominować
nad siłami natury i kontrolować je, które
będzie w stanie rozwikłać prawa natury, Om.
wyrwany z natury na tak długo
przez jej tajemnicę i przekazał ją swoim
rówieśnikom."
E. Lommel

W elektrodynamice najważniejsza jest koncepcja prądu elektrycznego. Prąd elektryczny zapewnia komfort w życiu współczesnego człowieka. Technologiczne osiągnięcia cywilizacji - energetyka, transport, radio, telewizja, komputery, łączność ruchoma - oparte są na wykorzystaniu prądu elektrycznego.

Aż do końca XVIII wieku, "uzyskiwanie prądu", tj. ładowanie ciał poprzez oddzielanie ładunków elektrycznych, było w stanie dokonywać tego tylko poprzez tarcie. Rozwój elektromagnetyzmu jest związany z odkryciem włoskiego naukowca L. Galvani "elektryczności zwierzęcej". A. Bolt wynalazł pierwsze źródło prądu elektrycznego - element galwaniczny, za pomocą którego przez długi czas można było wytwarzać prąd elektryczny. W 1802 r. V. V. Petrov, po zbudowaniu elementu galwanicznego o dużej mocy, otworzył łuk elektryczny, zbadał jego właściwości i wskazał możliwość jego wykorzystania. W 1807 roku uczony angielski G. Davi, po przepuszczeniu prądu przez wodne roztwory zasadowe, tj. przeprowadzeniu ich elektrolizy, otrzymał nieznane wcześniej metale - sód i potas. W 1826 r. niemiecki fizyk G. Ohm określił ilościową zależność prądu elektrycznego od napięcia w obwodzie (prawo Ohma). Fizyk angielski G. P. Dzhoule ustalił (1841), że ilość ciepła, przydzielona w przewodniku prądu elektrycznego, jest proporcjonalna do kwadratu natężenia prądu; prawo to zostało uzasadnione (1842) dokładnymi eksperymentami E. X. Lentsa (prawo Dzhoule'a - Lents).

1. Elektryczny prąd stały i jego główne cechy charakterystyczne

1.1 Elektryczny prąd stały, natężenie i gęstość prądu

Prąd elektryczny - skierowany (uporządkowany) ruch naładowanych cząstek, przy którym następuje przeniesienie ładunku z jednego obszaru przestrzeni do drugiego. Cząstki te to: w *metalach - elektrony*, w *elektrolitach - jony (kationy i aniony), w gazach - jony i elektrony, w próżni w* pewnych warunkach - *elektrony, w półprzewodnikach - elektrony i otwory (przewodność elektronowa).*

Przy występowaniu prądu elektrycznego można ocenić na podstawie następujących wskaźników: 1) przy nagrzewaniu się przewodów, 2) przy zmianie budowy chemicznej przewodów (obserwowanej głównie w elektrolitach), 3) przy wytwarzaniu pola magnetycznego (jest ono widoczne na wszystkich przewodnikach bez wyjątku).

Dwa warunki muszą być spełnione, aby przewodnik generował prąd elektryczny:

- obecność darmowych opłat w konduktorze,
- obecność w przewodniku stacjonarnego pola elektrycznego wytwarzanego przez źródła energii.

Miarą ilościową prądu elektrycznego jest siła prądu *I*. Wytrzymałość prądowa jest skalarną wielkością fizyczną określoną przez ładunek elektryczny przechodzący przez przekrój poprzeczny przewodu do jednostki czasu.

$$I = \frac{dq}{dt},$$

gdzie *dq* jest ładunkiem elektrycznym, który przechodzi przez przekrój poprzeczny przewodu podczas *dt*.

Jeżeli wartość ta jest stała, to prąd jest uważany za stały, a jeżeli jest zmienny, to jest uważany za zmienny.

W ramach ogólnych koncepcji będziemy mówić o prądzie stałym w przyszłości. Jednostka obecnej siły - amperom (A). Przy natężeniu prądu 1 A przez przekrój poprzeczny przewodu przez 1 s przepuszcza ładunek w 1 Kl.

Inną cechą charakterystyczną prądu jest jego gęstość. Jest to wartość fizyczna określona przez siłę prądu przechodzącą przez jednostkę pola przekroju poprzecznego przewodu prostopadłego do kierunku prądu.

$$j = \frac{dI}{dS_\perp}$$

Gęstość prądu - wektor zorientowany w kierunku prądu, tzn. kierunek wektora $\vec{j}$ pokrywa się z kierunkiem uporządkowanego ruchu ładunków dodatnich.

Jednostka gęstości prądu - A/m2.

1.2 Kierunek i prędkość rozprzestrzeniania się prądu

Kierunek ruchu cząstek naładowanych tworzących prąd zależy od znaku ich ładunku. Dodatnio naładowane cząstki będą przesuwać się od "plus" do "minus", natomiast ujemnie naładowane cząstki będą przesuwać się od "minus" do "plus". W elektrolitach i gazach występują zarówno ładunki ujemne jak i dodatnie. Prąd jest tworzony przez ich kontrruchę w obu kierunkach. W metalu nośnikami ładunków są wolne elektrony, przechodzą one od "minus" do "plus". Niemniej jednak, zgodnie z umową, kierunek prądu jest uważany za kierunek przepływu opłat dodatnich. Historycznie, taki kierunek prądu został zaproponowany przez Ampera w pierwszej połowie XIX wieku, zanim elektron został otwarty. Dlatego nic się nie zmieniło - prąd płynie od "plus" do "minus".

Kiedy zapala się światło, wydaje się, że żarówka zapala się natychmiast. Prędkość rozdziału prądu na przewody jest bliska 3-108 m/s (prędkość światła w próżni). Prędkość tworzenia prądu za darmo wynosi jednak ułamek milimetra na sekundę. Fakt, że wolne ładunki oddziaływują na siebie nawzajem i będąc pod wpływem pola elektrycznego źródła prądu, kiedy obwód jest zamknięty, poruszają się niemal równocześnie wzdłuż całego przewodnika. Prędkość rozchodzenia się prądu jest prędkością przenoszenia oddziaływania elektrycznego pomiędzy wolnymi ładunkami i jest zbliżona do prędkości światła w próżni. Prędkość, z jaką ładunki same poruszają się wewnątrz przewodnika, może być o wiele rzędów wielkości mniejsza. Prędkość propagacji prądu jest to prędkość, z jaką sygnał elektryczny jest przesyłany przez obwód. Prędkość kierunkowego ruchu wolnych ładunków to prędkość, z jaką ładunki tworzące aktualny ruch. Prędkość ta nazywana jest prędkością dryfu elektrycznego, czyli prędkością uporządkowanego ruchu elektronów.

1.3 Siły zewnętrzne. Różnica potencjałów, EMF, napięcie

Jeśli w obwodzie działają tylko siły pola elektrostatycznego, nośniki są przesuwane w taki sposób, że potencjały wszystkich punktów w obwodzie są wyrównywane, pole elektrostatyczne zanika, a prąd stały zostaje zatrzymany. Aby prąd przepływał przez dłuższy okres czasu, ładunki w obwodzie muszą być poddane działaniu sił innych niż pola elektrostatyczne, które nazywane są siłami zewnętrznymi. Siły te mogą być powodowane przez procesy chemiczne, dyfuzję nośników prądu w niejednorodnym ośrodku, pola elektryczne (ale nie elektrostatyczne) generowane przez zmienne w czasie pola magnetyczne, itp. Przykładowo, w ogniwach galwanicznych są one powodowane przez energię reakcji chemicznych pomiędzy elektrodami i elektrolitami; w generatorze - przez energię mechaniczną obrotu wirnika generatora. Każde urządzenie, w którym wytwarzane są siły zewnętrzne, nazywane jest źródłem prądu elektrycznego.

W obwodzie zamkniętym, w obecności źródła prądu, wykonywana jest więc praca polegająca na przenoszeniu pola ładowania zarówno sił elektrostatycznych jak i zewnętrznych.

Wartość fizyczna określona przez pracę wykonywaną przez siły elektrostatyczne (Coulomba) w ruchu pojedynczego dodatniego ładunku nazywana jest różnicą potencjałów.

$$\Delta\varphi = \frac{A_{\text{кул}}}{q_0}.$$

Wielkość fizyczna określona przez pracę wykonywaną przez siły zewnętrzne podczas przemieszczania pojedynczego ładunku dodatniego nazywana jest siłą elektromotoryczną (EMF) działającą w obwodzie:

$$\varepsilon = \frac{A_{cmop}}{q_0}.$$

Praca ta odbywa się kosztem energii zużywanej przez źródło prądu, więc wartość tę ε można również nazwać siłą elektromotoryczną źródła prądu wchodzącego w skład obwodu. Często, zamiast mówić "w obwodzie są obce siły", używa się terminu "siła elektromotoryczna" do określenia obcych sił. Pola elektromagnetyczne, podobnie jak potencjał, są wyrażone w woltach.

Praca sił zewnętrznych do przemieszczania ładunku w obwodzie q_0 zamkniętym jest równa

$$A_{cmop} = \oint \vec{F}_{cmop} d\vec{l} = q_0 \oint \vec{E}_{cmop} d\vec{l}.$$

Dlatego też, EMF pracujący w obwodzie zamkniętym to cyrkulacja wektora natężenia pola o obcej sile:

$$\varepsilon = \oint \vec{E}_{cmop} d\vec{l}.$$

W związku z tym, dla pola sił zewnętrznych, obieg jego napięcia po obwodzie zamkniętym nie jest równy zeru. Dlatego też pole sił obcych jest bezpotencjałowe.

Efektywność elektrolitu w sekcji 1 - 2 łańcucha jest równa

$$\varepsilon_{1-2} = \int_1^2 \vec{E}_{cmop} d\vec{l}.$$

Pod wpływem działania wytworzonego pola sił zewnętrznych, ładunki elektryczne przemieszczają się wewnątrz źródła zasilania w kierunku przeciwnym do sił pola elektrostatycznego, tak że różnica potencjałów jest utrzymywana na końcach obwodu, a w obwodzie płynie stały prąd elektryczny.

Jeśli q_0 zarówno siły zewnętrzne, jak i siły pola elektrostatycznego (siły Coulomba) wpływają na ładunek, wynikowa siła wynosi

$$\vec{F} = \vec{F}_{cmop} + \vec{F}_{кул} = q_0\left(\vec{E}_{cmop} + \vec{E}_{кул}\right).$$

Działanie wynikającej z tego siły do przemieszczania ładunku w q_0 obszarze 1 - 2

$$A_{1-2} = q_0 \int_1^2 \vec{E}_{стор} d\vec{l} + q_0 \int_1^2 \vec{E}_{кул} d\vec{l} = q_0 \varepsilon_{12} + q_0 \Delta\varphi .$$

Dla obwodu zamkniętego, działanie sił elektrostatycznych jest zerowe, więc...

$$A = q_0 \varepsilon .$$

Napięcie U w sekcji 1 - 2 jest wartością fizyczną, liczbowo równą całkowitej pracy wykonanej przez siły elektrostatyczne i zewnętrzne w celu przemieszczenia jednego dodatniego ładunku w danej sekcji obwodu:

$$U_{1-2} = \frac{A_{12}}{q_0} = \Delta\varphi + \varepsilon_{12} .$$

Pojęcie napięcia jest uogólnieniem pojęcia różnicy potencjałów: Napięcie na końcach sekcji obwodu jest równe różnicy potencjałów, jeżeli w tej sekcji nie jest aktywna żadna EMF, tzn. nie występują żadne zewnętrzne siły.

Pytania kontrolne

1. Co to jest prąd elektryczny i jakie są warunki jego występowania?
2. Podaj pojęcia sił obcych, różnic potencjału, EMF, napięcia.

2. Prawo Ohma

2.1 Prawo Ohma dla odcinka łańcucha

W 1826 r. niemiecki fizyk Georg Ohm eksperymentalnie ustalił związek pomiędzy napięciem na przewodniku a siłą prądu, która przechodzi przez ten przewód:

$$I = \frac{U}{R} .$$

Wytrzymałość prądowa przewodnika metalowego jest wprost proporcjonalna do napięcia na jego końcach: $\sim I \; U \; G = \frac{1}{R}$. - jest czynnikiem proporcjonalności zwanym przewodnictwem elektrycznym przewodnika. R jest to oporność elektryczna przewodu.

Prawo Ohma dla sekcji obwodowej (nie zawierającej źródła prądu): *natężenie prądu sekcji obwodowej jest wprost proporcjonalne do napięcia w tej sekcji i odwrotnie proporcjonalne do rezystancji sekcji.*

2.2 Oporność elektryczna. Rezystancja właściwa przewodu

Jak już zostało powiedziane, wartość R zawarta w wyrażeniu prawa Ohma nazywana jest opornością elektryczną przewodnika. Jednostka oporu [R]= Ohm. 1 Ohm jest to oporność przewodnika, przez który przepływa prąd w 1A z różnicą potencjałów na końcach w 1B. Rezystancja żyły zależy od jej rozmiaru i kształtu, od materiału z jakiego jest wykonana, od temperatury oraz od sposobu połączenia żyły w obwodzie. Dla jednorodnej żyły cylindrycznej o długości l i polu przekroju poprzecznego S

$$R = \rho \frac{l}{S},$$

gdzie ρ oporność właściwa materiału przewodnika, lub po prostu oporność właściwa substancji, charakteryzuje jego zdolność do zapobiegania przepływowi prądu elektrycznego. Jednostką specyficznej rezystancji elektrycznej w układzie (SI) jest oh-metr [Oh-m]. Technika ta wykorzystuje również przestarzałą jednostkę spoza systemu Om-mm²/m, równą $^{10\text{-}6}$ od 1 Om-m. Robi się to odpowiednio: 1 Ohm = 1-106 Ohm-mm²/m. Fizyczne znaczenie oporności w technice: Oporność jednorodnego kawałka przewodu o długości 1 m i polu przekroju poprzecznego prądu 1 mm². Srebro (1,6-10-8 Ohm) i miedź (1,7-10-8 Ohm) mają najmniejszą oporność właściwą.

2.3 Prawo Ohma w zróżnicowanej formie

Istnieje inna forma prawa Ohma, zwana prawem różnicowym, która zajmuje się gęstością prądu w danym punkcie przewodnika i natężeniem pola w tym punkcie. To jest różniczkowa forma prawa Ohma. Rozważmy jednorodny przewodnik metalowy o cylindrycznym kształcie, wzdłuż którego prąd płynie na siłę I przy różnicy potencjałów na jego końcach U. Oznaczmy długość przewodu jako l, a pole przekroju jako S.

Prawo Ohma dla tego dyrygenta ma postać: $I = \frac{U}{R}$.

Ponieważ pole wewnątrz przewodnika jest jednorodne podczas przepływu przez prąd stały, różnica potencjałów jest związana ze współczynnikiem natężenia pola $U = El$. Oporność przewodu cylindrycznego $R = \rho \frac{l}{S}$. Zastąpmy te relacje w prawie Ohma i dokonajmy pewnych przekształceń:

$$I = \frac{El}{\rho l} S \Rightarrow \frac{I}{S} = \frac{1}{\rho} E,$$

gdzie $\frac{I}{S} = j$ - gęstość prądu; $\sigma = \frac{1}{\rho}$ - specyficzna przewodność elektryczna (przewodność elektryczna) substancji przewodzącej. Jego jednostka miary w (SI) - Siemens na metr (Cm/m). W konsekwencji, $j = \sigma E$.

Biorąc pod uwagę, że wektory $\vec{j}$ są $\vec{E}$ skierowane jednakowo, możemy zapisać tę równość w formie wektorowej:

$$\vec{j} = \sigma \vec{E}.$$

Ta równość reprezentuje prawo Ohma dla jednorodnego odcinka łańcucha w formie różnicowej.

2.4 Połączenia przewodów

Istnieją dwa główne sposoby łączenia przewodów ze sobą - połączenia szeregowe i równoległe. Różne kombinacje połączeń szeregowych i równoległych powodują mieszane połączenie żył.

Przewód o rezystancji R *nazywany jest* rezystorem i na schemacie pokazany jest jako prostokąt (Rys. 35).

Rys.35. Opornik .

Przy łączeniu żył szeregowo, koniec każdej żyły

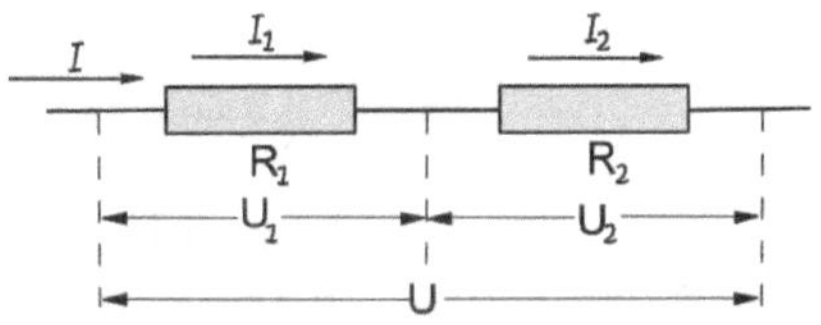

Rys.36. Połączenie szeregowe przewodów

łączy się z początkiem następnego przewodnika.

1. Gdy przewody są połączone szeregowo, prąd jest taki sam. Przez dowolny przekrój dowolnego przewodu ten sam ładunek przejdzie w ciągu jednej sekundy. Wszakże ładunki nie kumulują się nigdzie, nie wychodzą z obwodu i nie wchodzą do niego z zewnątrz.

$$I_1 = I_2 = ... = I_n = I$$

2. Napięcie na odcinku składającym się z przewodów połączonych szeregowo jest równe sumie napięć na każdym przewodzie.

$$IR = U = \sum_{i=1}^{n} U_i = \sum_{i=1}^{n} I_i R_i = I \sum_{i=1}^{n} R_i$$

3. Rezystancja przekroju składającego się z żył połączonych szeregowo jest równa sumie rezystancji każdej z żył.

$$R = \sum_{i=1}^{n} R_i$$

Zalety połączenia szeregowego przewodów - posiadając elementy przeznaczone do niskiego napięcia (np. lampy), można podłączyć je szeregowo w wymaganej ilości i podłączyć do źródła z wysokim napięciem (lampki choinkowe), do wad należy zaliczyć fakt, że w przypadku awarii przynajmniej jednego urządzenia (elementu), cały obwód się otwiera, a pozostałe urządzenia nie działają.

Gdy przewody są połączone równolegle, ich początek jest połączony z jednym punktem obwodu, a końce z innym punktem.

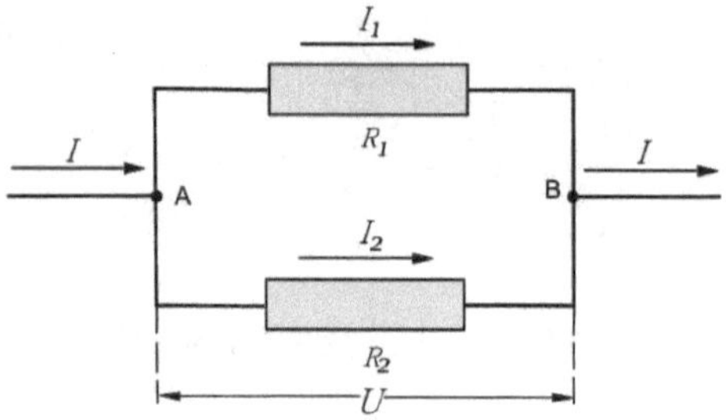

Rys.37. Równoległe łączenie przewodów

1. Gdy przewody są połączone równolegle, napięcie jest takie samo w całym obwodzie.

$$U_1 = U_2 = ... = U_n = U$$

2. Wytrzymałość prądowa obwodu jest równa sumie sił prądu na poszczególnych przewodach.

$$\frac{U}{R} = I = \sum_{i=1}^{n} I_i = \sum_{i=1}^{n} \frac{U_i}{R_i} = U \sum_{i=1}^{n} \frac{1}{R_i}$$

$$\frac{1}{R} = \sum_{i=1}^{n} \frac{1}{R_i}$$

Zalety połączenia równoległego: jeśli jedna z gałęzi ulegnie awarii, pozostałe będą nadal pracować, a każda z gałęzi może być podłączona i odłączona osobno, wady: możliwe jest włączenie urządzeń przeznaczonych tylko dla tego napięcia.

Wzory na połączenie szeregowe i równoległe przewodów pozwalają w wielu przypadkach obliczyć rezystancję złożonego układu składającego się z wielu rezystorów. Rysunek 38 pokazuje przykład tak złożonego układu składającego się z wielu rezystorów.

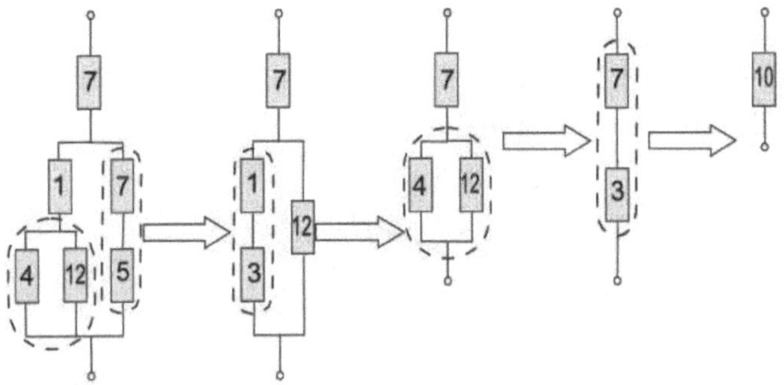

Rys.38. Obliczanie nośności złożonego łańcucha

Oporność wszystkich przewodników jest w omach.

2.5 Zależność oporu od temperatury

Doświadczenie pokazuje, że gdy metalowy przewodnik nagrzewa się, jego opór wzrasta. Zależność rezystancji przewodnika od temperatury tłumaczy się tym, że

1. intensywność rozpraszania (liczba kolizji) nośników ładunku zwiększa się wraz ze wzrostem temperatury;
2. ich stężenie zmienia się, gdy przewodnik się nagrzewa.

Doświadczenie pokazało, że przy niezbyt wysokich i niezbyt niskich temperaturach zależności oporności i rezystancji przewodnika od temperatury wyrażają się za pomocą wzorów:

$$\rho = \rho_0(1+\alpha t)$$

$$R = R_0(1+\alpha t),$$

gdzie i ρ ρ_0- odpowiednio rezystancja właściwa przewodów w temperaturze *t* i ^{00C}, R R_0oraz - odpowiednio rezystancja właściwa przewodów w temperaturze *t* i ^{00C}. α - współczynnik odporności termicznej, dla czystych metali (w niezbyt niskich temperaturach) zbliżony do 1/273 K. Jego wartości dla różnych metali i stopów są pobierane z tabeli. Oznacza to, że zależność oporu od temperatury można przedstawić w postaci

$$R = \alpha R_0 T\ ,$$

gdzie jest temperatura termodynamiczna.

Wykres zależności jest linią prostą

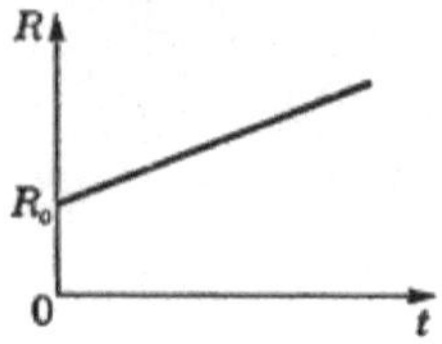

Rys.39. Zależność rezystancji przewodnika metalowego od temperatury (Skala Celsjusza)

Jakościową zależność oporu metalu od temperatury pokazano na rys. 2. 40 (krzywa 1).

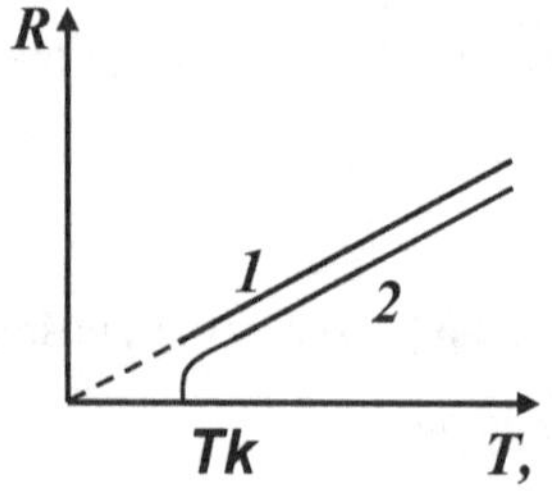

Rys.40. Zależność rezystancji przewodnika metalowego od temperatury (Skala Kelvina)

Następnie stwierdzono, że odporność wielu metali (np. Al, Pb, Zn, itp.) i ich stopów w bardzo niskich temperaturach *Tk* (0,14 -20 K), zwanych krytycznymi, charakterystycznych dla każdej substancji, gwałtownie spada do zera (Rys. 40, krzywa 2)*, tzn.* metal staje się przewodnikiem absolutnym. Zjawisko to, zwane nadprzewodnictwem, zostało po raz pierwszy odkryte w 1911 roku. G. Kamerling-Onnesom do Merkurego. Zjawisko nadprzewodnictwa jest wyjaśnione na podstawie teorii kwantowej. Praktyczne zastosowanie materiałów nadprzewodzących (w uzwojeniach magnesów nadprzewodzących, w systemach pamięci komputerowych, itp. Jednakże obecnie materiały ceramiczne o nadprzewodnictwie w temperaturach powyżej 100 K zostały odkryte i są w trakcie aktywnych badań.

Na podstawie zależności oporu elektrycznego metali od temperatury opiera się na działaniu termometrów rezystancyjnych, które pozwalają na stopniową zależność oporu od temperatury w celu pomiaru temperatury z dokładnością do 0,003 K. Zastosowanie termometrów oporowych półprzewodnikowych wykonanych w specjalnej technologii - termistorów - jako substancji roboczej pozwala na pomiar temperatury z dokładnością do $^{10-6}$ K oraz zastosowanie termistorów do pomiaru temperatury w przypadku małych rozmiarów półprzewodników.

Pytania kontrolne

1. Jakie jest prawo Ohma dla odcinka obwodu i dla obwodu zamkniętego?
2. Wyjaśnić fizyczne znaczenie oporu przewodnika.
3. Jakie są zasady łączenia przewodów w układzie szeregowym i równoległym?
4. Napisz i wyjaśnij formułę prawa Ohma w formie różnicowej.

3. Działanie i moc prądu

Prąd elektryczny jest tak szeroko stosowany, ponieważ przenosi energię. Ta energia może zostać przekształcona w dowolną formę. Obliczenie tej energii polega na znalezieniu pracy i mocy bieżącej. Gdy naładowane cząstki w przewodniku poruszają się w uporządkowany sposób, pole elektryczne wykonuje pracę. Nazywa się to pracą prądu.

3.1 Bieżąca praca

Rozważmy jednorodny przewodnik, na którego końcach przyłożone jest napięcie *U*. Podczas "tcherezowego odcinka przewodnika ładunek elementarny *dq=Idt jest* przekazywany. Ponieważ prąd reprezentuje ruch ładunku *dq* pod wpływem pola elektrycznego, pole elektryczne na przydzielonym miejscu wykonuje pracę:

$$dA = Udq = IUdt$$

- ta praca nazywana jest pracą bieżącą.

Praca prądowa w odcinku obwodu jest równa iloczynowi mocy prądu, napięcia i czasu, w którym prąd przepływał.

Jeśli oporność przewodnika wynosi *R*, wtedy, używając prawa Ohma, otrzymujemy

$$dA = I^2 R dt = \frac{U^2}{R} dt.$$

Jednostką miary bieżącej pracy w systemie jest Joel. [*A*] - J. Przy obliczaniu pracy na prąd elektryczny często stosuje się wielokrotność jednostki pracy na prąd elektryczny: 1 kWh (kilowat na godzinę).

1 kWh = 3,600,000 dżuli.

W każdym mieszkaniu, w celu rozliczenia zużycia energii elektrycznej, zainstalowane są specjalne liczniki energii elektrycznej, które pokazują pracę prądu elektrycznego, wykonaną przez pewien okres czasu przy włączaniu różnych urządzeń gospodarstwa domowego. Liczniki te pokazują działanie prądu elektrycznego (zużycie energii elektrycznej) w "kWh".

3.2 Moc prądu

Każde urządzenie elektryczne (lampa, silnik itp.) jest zaprojektowane tak, aby zużywać określoną ilość energii na jednostkę czasu. Dlatego też, obok pracy prądowej, ważna jest również koncepcja mocy prądowej.

$$P = \frac{dA}{dt} = UI = I^2 R = \frac{U^2}{R}.$$

Jednostką mocy w systemie pomiarowym jest Watt. [P] - W.

3.3 Ustawa Joel-Lenz

Gdy prąd elektryczny przechodzi przez metalowy przewodnik, elektrony zderzają się z cząsteczkami neutralnymi lub z cząsteczkami, które utraciły elektrony. Ruchomy elektron albo odłącza nowy elektron od cząsteczki neutralnej, tracąc swoją energię kinetyczną i tworząc nowy jon dodatni, albo łączy się z cząsteczką, która straciła elektron (z jonem dodatnim), tworząc cząsteczkę neutralną. Kiedy elektrony zderzają się z molekułami, energia jest zużywana i zamieniana na ciepło. Każdy ruch, w którym pokonuje się opór, wymaga wydatkowania pewnej ilości energii. Do przewodzenia prądu przez przewodnik, źródło prądu wykorzystuje pewną ilość energii, która jest zamieniana na ciepło. Przejście energii elektrycznej w ciepło odzwierciedla prawo termicznego działania prądu. Prawo to nazywane jest Prawem Joule-Lenza - fizycznym prawem, które określa efekt termiczny prądu elektrycznego. Została założona w 1841 r. przez angielskiego fizyka Jamesa Joela, a niezależnie od niego w 1842 r. przez rosyjskiego naukowca Emily Lents.

Jeśli prąd przechodzi przez stały przewód, wówczas cała praca prądowa dA przechodzi do podgrzewania przewodu (uwalnianie ciepła dQ). Zgodnie z prawem o oszczędności energii: $dA = dQ$.

$$dQ = IUdt = I^2Rdt = \frac{U^2}{R}dt$$ - prawo Joela-Lenza.

Ilość ciepła wytwarzanego w przewodniku podczas przepływu prądu stałego jest proporcjonalna do kwadratu siły prądu, oporności przewodu i czasu przepływu prądu.

Jeśli konieczne jest zastosowanie prawa Joule'a-Lentza do prądu, który nie jest stały, rozważają nieskończenie małe odstępy czasu *dt,* podczas których prąd może być uznany za stały, stosują to prawo do nich, a następnie integrują to wyrażenie w czasie:

$$Q = \int_0^t I^2Rdt = I^2Rt.$$

Wyrażenie to stanowi integralną formę prawa Joule'a-Lentza.

3.4 Specyficzna moc cieplna prądu

Podkreślenie głośności w przewodniku $dV = dSdl$. Opór tej objętości $R = \rho\frac{dl}{dS}$. Zgodnie z prawem Joule-Lenza, podczas dt ta ilość ciepła zostanie uwolniona: $dQ = I^2Rdt = \frac{\rho dl}{dS}(jdS)^2 dt = \rho j^2 dVdt$.

Moc cieplna właściwa prądu w to ilość ciepła wydzielanego na jednostkę czasu w jednostce objętości:

$$w = \frac{dQ}{dVdt} = \rho j^2 .$$

Moc właściwa prądu jest liczbowo równa ilości ciepła wydzielanego w jednostce objętości przewodu w czasie. Jednostką mocy właściwej w przyrządach pomiarowych jest W/m3.

3.5 Prawo Joela-Lenza w formie różnicowej.

Używając formy różnicowej prawa Ohma $j = \sigma E$ i definicji $\rho = \frac{1}{\sigma}$, otrzymamy prawo Joule'a-Lentza w formie różnicowej:

$$w = \sigma E^2 .$$

Prawo Joule'a-Lentza w formie różnicowej ma charakter absolutnie ogólny, tzn. nie zależy od charakteru sił, które wytwarzają prąd elektryczny.

Termiczne działanie prądu znajduje szerokie zastosowanie w technologii. W 1873 r. rosyjski inżynier A. N. Lodygin (1847-1923) po raz pierwszy wykorzystał efekt termiczny prądu dla elektrycznego urządzenia oświetleniowego (żarówki). Działanie elektrycznych pieców muflowych, łuku elektrycznego, spawania kontaktowego, domowych grzałek elektrycznych itp. polega na ogrzewaniu przewodów prądem elektrycznym.

Przy bardzo dużych prądach, metalowy przewodnik może się zapalić i wypalić (stopić). To jest podstawa działania bezpiecznika. Ich zadaniem jest automatyczne odcięcie obwodu, gdy prąd w nim zawarty przekroczy dopuszczalny prąd.

Pytania kontrolne

1. Podaj koncepcje działania i mocy prądu.
2. Jakie jest prawo Joela-Lenza?

4. Prawo Ohma dla niejednorodnego odcinka łańcucha w formie integralnej (prawo uogólnione Ohma)

Sekcja obwodu zawierająca źródło prądu z EMF jest uważana za niejednorodną.

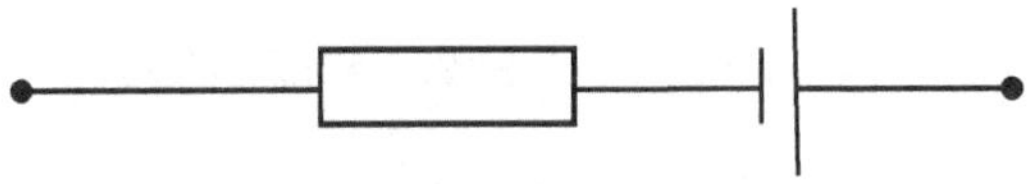

Rys.41. Schemat niejednorodnego odcinka łańcucha

Zdobądźmy formułę prawa Ohma dla takiego obszaru w integralnej formie.

Wiadomo, że prawo Ohma ma formę dyferencjału...

$$\vec{j} = \sigma\vec{E}.$$

Albo wykorzystując zależność między określoną przewodnością elektryczną a określoną rezystancją przewodnika $\sigma = \frac{1}{\rho}$, otrzymujemy

$$\vec{j} = \frac{1}{\rho}\vec{E}.$$

W przypadku, gdy w obwodzie znajduje się źródło prądu, całkowite napięcie ES obejmuje elektrostatyczne (Coulomb) i natężenia pola sił zewnętrznych $= \vec{E}\ \vec{E}_{kul+stor}\vec{E}$. Wtedy...

$$\vec{j} = \frac{1}{\rho}(\vec{E}_{kul+stor}\vec{E}).$$

Umnozhim skalarno obie części równości na wektorze $\vec{dl}$, numerycznie równe pierwiastkowi "Idliny provodnikova i skierowane na drugą stronę, że prąd gęstości wektora . $\vec{j}$

$$(\vec{j}, \vec{dl}) = \frac{1}{\rho}[(\vec{E}_{kul}, \vec{dl}) + (\vec{E}_{thud}, \vec{dl})]].$$

Ponieważ iloczyn skalarny wektorów zbiegających się w kierunku jest równy iloczynowi ich modułów, równość tę można przedstawić w następujący sposób

$$\rho\, j\, dl = (\vec{E}_{\text{kul}}, d\vec{l}\,) + (\vec{E}_{\text{stop}} d\vec{l}\,,).$$

Albo użyć gęstości prądu jako $j = \frac{I}{S}$, uzyskać

$$I\rho \frac{dl}{S} = (\vec{E}_{\text{kul}}, d\vec{l}\,) + (\vec{E}_{\text{thud}}, d\vec{l}\,)$$

Integrując wzdłuż długości przewodu l od sekcji 1 do niektórych sekcji 2 i biorąc pod uwagę, że wytrzymałość prądowa we wszystkich sekcjach przewodu jest taka sama, otrzymujemy

$$I\int_1^2 \rho dl / S = \int_1^2 (\vec{E}_{кул}, d\vec{l}\,) + \int_1^2 (\vec{E}_{стор}, d\vec{l}\,).$$

Albo .

$$I = \int_1^2 \left(\vec{E}_{кул}, \overrightarrow{dl}\right) + \int_1^2 \left(\vec{E}_{стор}, \overrightarrow{dl}\right) / \int_1^2 \frac{\rho dl}{S}$$ Prawo Ohma w integralnej formie,

Gdzie:

- Integralność $\int_1^2 (\vec{E}_{кул}, d\vec{l}\,)$ jest numerycznie równa pracy wykonywanej przez siły Coulomba przy przenoszeniu pojedynczego ładunku dodatniego z punktu 1 do punktu 2. Z kursu elektrostatyki wiadomo, że reprezentuje on różnicę potencjałów EF pomiędzy tymi punktami. To znaczy = $\varphi_1 - \varphi_2 = \Delta\varphi \int_1^2 (\vec{E}_{кул}, d\vec{l}\,)$;

- całka $\int_1^2 (\vec{E}_{стор}, d\vec{l}\,)$ jest numerycznie równa pracy wykonywanej przez siły zewnętrzne przy przenoszeniu pojedynczego ładunku dodatniego z punktu 1 do punktu 2. Wiadomo z kursu elektrostatyki, że reprezentuje on EMF.

To jest $\varepsilon = \int_1^2 (\vec{E}_{стор}, d\vec{l}\,)$;

- Całość $\int_1^2 \rho dl / S$ reprezentuje całkowitą rezystancję sekcji R obwodu pomiędzy sekcjami 1 i 2.

W związku z tym formuła prawa może być zapisana w formie skróconej jako $I = (\Delta\varphi + \varepsilon)/R$.

Prawo Ohma dla odcinka obwodu i odcinka zamkniętego wynika prywatnie z tego prawa. Naprawdę, dla jednorodnej sekcji obwodu przy braku źródła zasilania $\varepsilon = 0$, i $I = \Delta\varphi/R$ - prawo Ohma dla sekcji obwodu.

Dla obwodu zamkniętego $\Delta\varphi=0$ i $I=\varepsilon/R$ jest prawem Ohma dla obwodu zamkniętego, gdzie R jest sumą zewnętrznej rezystancji obwodu i wewnętrznej rezystancji źródła prądu. Dlatego też prawo Oma w formie integralnej jest często określane w literaturze specjalistycznej jako uogólnione prawo Oma.

5. Zasady Kirchhoffa dla obwodów rozgałęzionych

Uogólnione prawo Ohma pozwala na obliczenie prawie każdego złożonego łańcucha. Jednakże bezpośrednie obliczanie rozgałęzionych obwodów zawierających kilka zamkniętych obwodów (obwody mogą mieć wspólne obszary, każdy z obwodów może mieć kilka źródeł zasilania, itp) jest dość skomplikowane. Zadanie to można łatwiej rozwiązać za pomocą dwóch zasad Kirchhoffa.

Każdy punkt rozgałęzienia obwodu, w którym co najmniej trzy przewody zbiegają się z prądem, nazywany jest *węzłem. Prąd* wprowadzany do węzła jest uważany za dodatni, a prąd opuszczający węzeł za ujemny. *Obwód zamknięty* to obszar zamknięty w złożonym, rozgałęzionym obwodzie.

Pierwsza zasada Kirchhoffa: algebraiczna suma prądów zbiegających się w węźle wynosi zero:

$$\sum_{k=1}^{n} I_k = 0$$

Na przykład, dla Rys. 42, pierwsza zasada Kirchhoffa zostanie zapisana w następujący sposób:

$$I_1 - I_2 + I_3 - I_4 - I_5 = 0$$

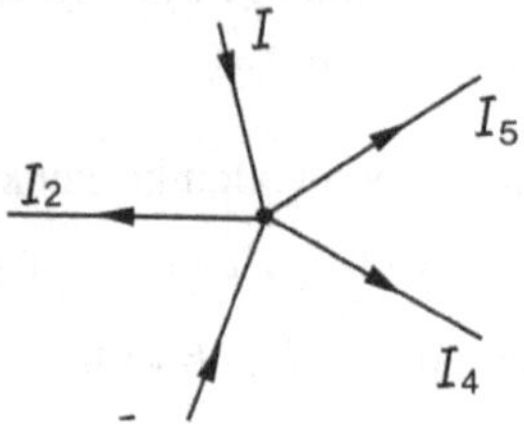

Rys.42. Aby obliczyć węzeł według pierwszej zasady Kirchhoffa.

Pierwsza zasada Kirchhoffa wynika z prawa o zatrzymywaniu ładunków elektrycznych. W istocie, w przypadku ustalonego prądu stałego, w żadnym miejscu przewodu lub jego części nie powinno gromadzić się ładunek elektryczny. W przeciwnym razie, prądy nie byłyby w stanie utrzymać się na stałym poziomie.

Druga zasada Kirchhoffa wywodzi się z uogólnionego prawa Ohma dla rozgałęzionych łańcuchów. Rozważmy kontur składający się z trzech części (Rys. 43).

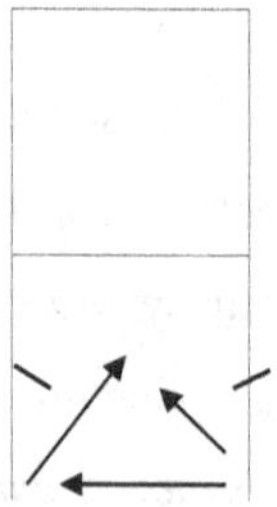

ε3R3I3

Rys.43. Do obliczenia konturu zgodnie z drugą zasadą Kirchhoffa.

Kierunek zgodny z ruchem wskazówek zegara w pętli jest przyjmowany jako pozytywny, zauważając, że wybór tego kierunku jest całkowicie dowolny. Wszystkie prądy, które pokrywają się z kierunkiem omijania są uważane za pozytywne, te, które nie pokrywają się z kierunkiem omijania - za negatywne.

Źródła prądu są uważane za pozytywne, jeśli generują prąd w kierunku obejścia. Dla sekcji, prawo Ohma może być spisane:

$$\begin{cases} I_1R_1 = \varphi_A - \varphi_B + \varepsilon_1, \\ -I_2R_2 = \varphi_B - \varphi_C - \varepsilon_2, \\ I_3R_3 = \varphi_C - \varphi_A + \varepsilon_3 \end{cases}$$

Poprzez zsumowanie tych równań otrzymujemy

$$I_1R_1 - I_2R_2 + I_3R_3 = \varepsilon_1 - \varepsilon_2 + \varepsilon_3$$

Równanie to wyraża *drugą regułę Kirchhoffa: w dowolnym obwodzie zamkniętym dowolnie wybranym w obwodzie rozgałęzionym, algebraiczna suma iloczynów sił prądu na rezystancji odpowiednich odcinków tego obwodu jest równa algebraicznej sumie EMF znalezionych w tym obwodzie:*

$$\sum_{i=1}^{n} I_iR_i = \sum_{k=1}^{n} \varepsilon_k$$

Przy obliczaniu złożonych obwodów prądu stałego za pomocą reguł Kirchhoffa jest to konieczne:

1. Wybierz *dowolny kierunek prądów* na wszystkich odcinkach obwodu; rzeczywisty kierunek prądów jest określany podczas rozwiązywania zadania: jeśli pożądany prąd okaże się dodatni, jego kierunek został wybrany poprawnie, ujemny - jego prawdziwy kierunek jest odwrotny od wybranego.

2. Wybrać kierunek omijania pętli i ściśle się do niej trzymać; produkt *IR-pozytywny*, jeśli prąd w danej sekcji pokrywa się z kierunkiem omijania i odwrotnie, EMF działające w wybranym kierunku omijania uważa się za pozytywne, a przeciwne - za negatywne.

3. Aby wykonać tak wiele równań, że ich liczba jest równa liczbie wymaganych wartości (układ równań musi zawierać wszystkie rezystancje i EMU danego układu); każdy rozpatrywany układ musi zawierać przynajmniej jeden element, nie zawarty w poprzednich konturach, w przeciwnym razie otrzymamy równania, które są prostą kombinacją już wykonanych.

Pytania kontrolne

1. Dlaczego prawo Ohma jest nazywane Uogólnionym Prawem Ohma w integralnej formie?

2. Wyjaśnić fizyczne znaczenie całek w uogólnionym prawie Ohma.
3. Jakie są zasady Kirchhoffa?

6. prąd elektryczny w metalach

6.1 Podstawy klasycznej teorii przewodnictwa elektrycznego metali

Teoria ta została opracowana przez niemieckiego fizyka P. Drude i holenderskiego fizyka H. Lorenza na początku dwudziestego wieku jako stosowana do metali. Sieć krystaliczna metali składa się z dodatnio naładowanych jonów umieszczonych w węzłach sieci oraz swobodnych elektronów poruszających się losowo pomiędzy jonami, tworząc gaz elektronowy. Oznacza to, że zachowanie się elektronów w metalach przypomina zachowanie się nieatomowego gazu idealnego w zamkniętych naczyniach. W przypadku braku zewnętrznego pola elektrycznego elektrony poruszają się chaotycznie. Pojawienie się pola powoduje ukierunkowany ruch elektronów wzdłuż linii energetycznych pola. Generowany jest prąd elektryczny.

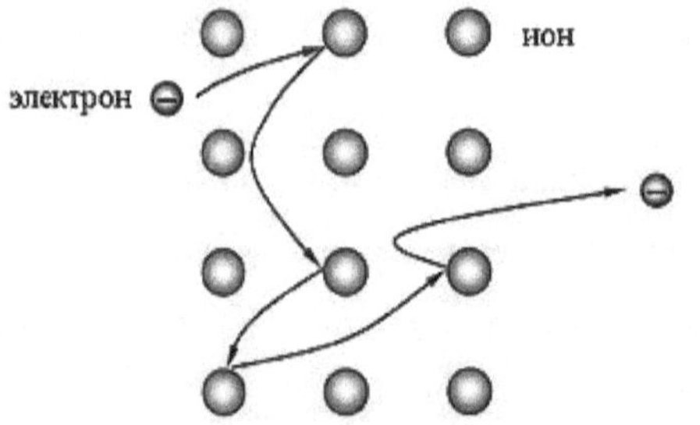

Rys.44. Ruch elektronu w siatce krystalicznej metalu

Zderzenie elektronów z krystalicznymi węzłami sieci i różnymi defektami powoduje opór i nagrzewanie się metalowych przewodników.

W obecności zewnętrznego pola elektrycznego, prędkość elektronów w metalach zależy od temperatury przewodnika i wartości natężenia pola elektrycznego. Dlatego rozróżnia się pomiędzy średnią prędkością cieplnego ruchu elektronów$\bar{u}$ a średnią prędkością ich uporządkowanego ruchu (dryf elektryczny)$\bar{v}$. Obliczenia pokazują, że $\bar{u} \gg \bar{v}$.

Jedną z podstawowych formuł klasycznej teorii jest wyrażenie łączące makroskopową charakterystykę gęstości prądu z mikroskopową charakterystyką prądu - koncentracją elektronów w przewodniku, ładunkiem elektronu i jego średnią prędkością uporządkowanego ruchu.

Ustalmy tę zależność.

Załóżmy, że jest to przewód metalowy o długości l i przekroju S (Rys. 45).

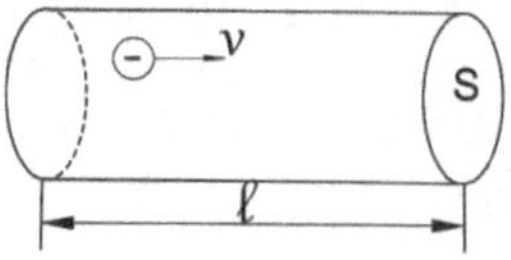

Rys.45. Do wniosku dotyczącego aktualnego wzoru gęstości

Wyraźmy obecną siłę i gęstość poprzez średnią prędkość uporządkowanego ruchu elektronów w przewodniku. W czasie t przez przekrój poprzeczny przewodnika S przejdzie N elektronów.

$N=nV$, gdzie *n jest* stężeniem elektronów w przewodniku, V jest objętością przewodnika. Or $N=nSl=nS$. Aktualna siła $I=\frac{q}{t}$. Przenośny ładunek całkowity q = eN, gdzie e jest ładunkiem elektronów. Wtedy $I=\frac{q}{t}=\frac{eN}{t}=\frac{enS\bar{v}t}{t}=enS\bar{v}$ . . .

Gęstość prądu

$j=\frac{I}{S}$. Ergo. $j=en\bar{v}$ ..

6.2 Eksperymentalne dowody klasycznej teorii przewodnictwa elektrycznego metali

Teoria przewodnictwa elektrycznego metali opracowana przez P.Drude i H.Lorentza wymagała dowodów doświadczalnych, potwierdzających, że nośnikami prądu w metalach są elektrony, a nie inne cząstki. W tym celu, różni naukowcy przeprowadzili eksperymenty, które eksperymentalnie dowiodły tego faktu. Zastanówmy się nad głównymi eksperymentami.

1. The Experience of Rikke (1901)

Niemiecki naukowiec K. Rikke wziął trzy cylindry z aluminium i miedzi o starannie uziemionych końcach i połączył je w łańcuch miedź-aluminium-miedź. Przez taki kompozytowy przewodnik w ciągu roku przepływał prąd z jednego kierunku (Rys.46).

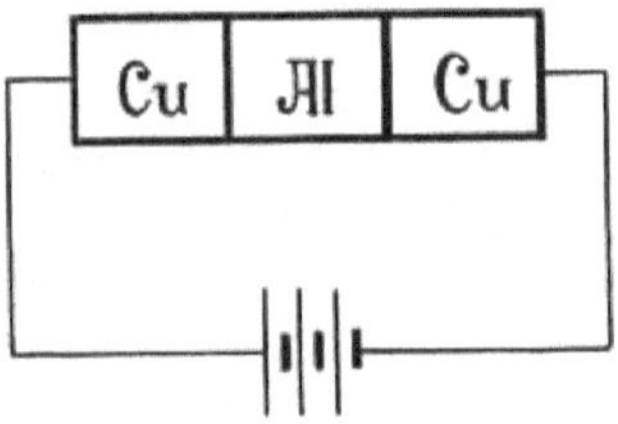

Rys.46. Doświadczenie Rikke'a.

W tym czasie przez cylindry przeszło $3{,}5 \cdot 10^{6}$ wisiorków ładunku elektrycznego. Ważenie wykazało, że przekładnia prądowa nie miała wpływu na masę cylindrów. Podczas badania końcówek próbek pod mikroskopem nie stwierdzono penetracji jednego metalu do drugiego, z wyjątkiem ścieżek konwencjonalnej dyfuzji termicznej w ciałach stałych. *Wyniki eksperymentu wykazały, że przenoszenie ładunku w metalach odbywa się nie przez atomy substancji, ale przez niektóre inne cząstki, które są częścią metali.*

2. Doświadczenie Mandelsztama - Papalexi (1913)

Rosyjscy naukowcy L. Mandelstam i N. Papaleksi odkręcili cewkę z przemijającym prądem, a następnie gwałtownie ją spowolnili. Jeśli cząstki - nośniki prądu są wolne i mają masę, to zgodnie z prawami bezwładności powinny podczas hamowania uderzyć w siatkę krystaliczną metalu i wytworzyć jakiś dźwięk lub hałas. Odbiornik słuchawkowy podłączony do cewki nagrał sygnał dźwiękowy. To doświadczenie miało charakter wyłącznie jakościowy. Pozwoliło to na określenie, że *obecne nośniki w metalach są pewnego rodzaju cząstkami uniwersalnymi*, ale nie było możliwe określenie ich charakteru, znaku i charakterystyki ilościowej.

3. Stuart Tolman's Experience (1916)

Amerykańscy naukowcy T. Stewart i R. Tolman wykorzystali tę samą ideę efektu inercyjnego i udoskonalili doświadczenie Mandelstam-Papalexi. Cewka z dużą liczbą cienkich zwojów drutu została wprawiona w szybki obrót wokół własnej osi. Końce cewki zostały połączone z czułym galwanometrem balistycznym za pomocą przewodów elastycznych (Rys. 47). Cewka wirująca została gwałtownie wyhamowana, a w obwodzie powstał prąd krótkotrwały ze względu na bezwładność nośników ładunku. Pełny ładunek przepływający przez łańcuch został zmierzony przez odchylenie strzałki galwanometru, a znak ładowania - w kierunku ruchu tej strzałki.

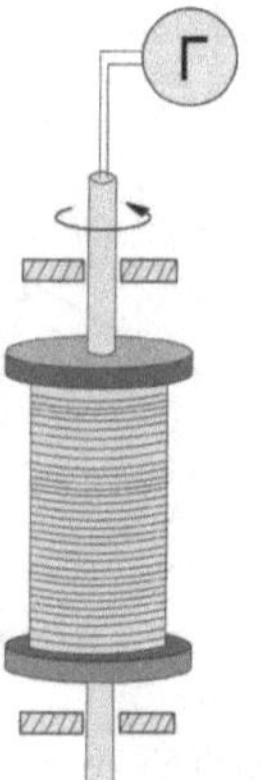

Rys.47. Doświadczenie Stuarta Tolmana.

Doświadczenie pozwoliło określić, że obecne nośniki w metalach - elektronach o ładunku ujemnym. Określono również charakterystykę ilościową ładunku właściwego elektronu $e/m=1{\cdot}76\cdot10^{11}$ Kl/kg, co dowiodło, że to właśnie elektrony niosą ładunek w przewodnikach metalowych.

6.3 Podstawowe prawa prądu elektrycznego w klasycznej teorii przewodnictwa elektrycznego metali

Teoria klasyczna pozwala na wyjaśnienie eksperymentalnych praw i zjawisk związanych z prądem elektrycznym z punktu widzenia elektroniki oraz na głębsze rozważenie fizycznego poczucia oporu i przewodności metali.

6.3.1. Prawo Ohma

Weźmy pod uwagę odcinek przewodu metalowego, przez który przepływa prąd elektryczny. Wiadomo, że gęstość prądu *j jest* określona przez wyrażenie

$$j = en\overline{v},$$

gdzie e - ładunek elektronu, n - stężenie elektronów w przewodniku $\overline{v}$ - średnia prędkość uporządkowanego ruchu elektronów w przewodniku.

Ruch elektronów w przewodniku pod wpływem zewnętrznego ES ma charakter ruchu równoramiennego, przy którym elektron zderzając się z węzłem sieci krystalicznej metalu traci swoją prędkość do zera, a następnie ponownie przyspiesza do maksymalnej prędkości *Vm w* momencie uderzenia w sieć (Rys.48).

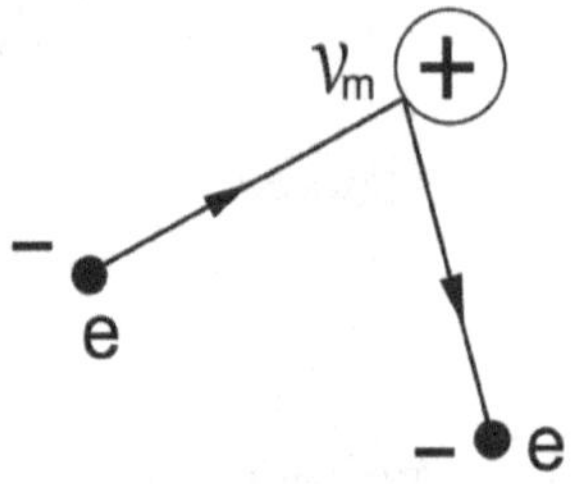

Rys.48. Równie przyspieszony ruch elektronu w metalu w zderzeniu z węzłem krаty krystaliczne

Oznacza to, że średnia prędkość uporządkowanego ruchu elektronów jest równa połowie wartości maksymalnej.

$$\overline{v} = \frac{0 + v_m}{2} = \frac{v_m}{2}.$$

W równorzędnym ruchu na mocy prawa Newtona II.

$$v_m = a\overline{\tau},$$

gdzie a - przyspieszenie elektronu, $\bar{\tau}$ - średni czas swobodnego przepływu elektronu w sieci krystalicznej metalu (przez analogię do średniego czasu swobodnego przepływu cząsteczek w gazie idealnym).

Następnie $\bar{\tau} = \frac{\bar{\lambda}}{\bar{u} + \bar{v}}$, $\bar{u}$ - średnia prędkość cieplnego ruchu elektronów.

W klasycznej teorii przewodnictwa elektrycznego metali $\bar{u} \gg \bar{v}$. Więc...

$$\bar{\tau} = \frac{\bar{\lambda}}{\bar{u}}$$

Kiedy dokonujemy nawrócenia, otrzymujemy

$$v_m = \frac{a\bar{\lambda}}{\bar{u}} \text{ и } \bar{v} = \frac{a\bar{\lambda}}{2\bar{u}}$$

Dla każdego elektronu istnieje siła ES równa $F = eE$, gdzie e *jest* ładunkiem elektronowym, E jest napięciem ES. I ten elektron otrzymuje przyspieszenie na podstawie Prawa II Newtona $a = \frac{F}{m} = \frac{eE}{m}$, gdzie m jest masą elektronu.

Następnie $\bar{v} = \frac{e\bar{\lambda}}{2m\bar{u}}E$ i $j = \frac{ne^2\bar{\lambda}}{2m\bar{u}}E$, gdzie wiele stałych wartości można zastąpić jedną stałą, która jest nazywana specyficzną przewodnością elektryczną metalu $\sigma = \frac{ne^2\bar{\lambda}}{2m\bar{u}}$. Współczynnik ten powstał wcześniej w prawie Ohma w formie różnicowej $j = \sigma E$. Teraz ten współczynnik otrzymał głębsze wyjaśnienie z elektronicznego punktu widzenia i wyjaśnił na poziomie mikroskopowym eksperymentalne prawo Ohma.

W ten sposób formuła może być $j = \frac{ne^2\bar{\lambda}}{2m\bar{u}}E$ nazwana prawem Ohma w formie elektronicznej.

6.3.2. Prawo Joela-Lenza.

Istotą prawa Joule-Lentza jest to, że gdy prąd przechodzi przez przewodnik, nagrzewa się, a ilość ciepła zależy w pewien sposób od siły prądu, napięcia, rezystancji przewodnika i czasu jego przejścia. Stosując prawo Ohma do sekcji obwodu, można otrzymać formułę zależną od konkretnego parametru. Na przykład, wyłączając prąd, można uzyskać prawo Joule-Lentza w postaci

$$Q=\frac{U^2}{R}t,$$

gdzie Q *to* ilość ciepła wydzielanego podczas przepływu prądu w przewodzie przez czas t, U - napięcie, R - rezystancja przewodu.

Spójrzmy na to prawo z elektronicznego punktu widzenia. Ilość ciepła (podgrzanie przewodnika) jest spowodowana przeniesieniem przez elektrony energii kinetycznej do węzłów sieci krystalicznej metalu przy ich zderzeniu. Przy λ metalu z maksymalną prędkością. Wtedy średnia energia kinetyczna jednego elektronu będzie równa $\overline{E_k}= mvm2/2$. Następnie dla wszystkich elektronów, które znajdują się w przewodniku w jednostce czasu przy jednym z ich zderzeń z węzłami sieci metalowej jest przekazywana energia kinetyczna równa, $\bar{E} = N\overline{E_k}$, gdzie N - liczba elektronów w przewodniku. Lub $\bar{E}= n\overline{E_k}V$, gdzie n jest stężeniem elektronów w objętości przewodnika V. Jeśli założymy, że elektrony uderzają w sieć krystaliczną metalu przez jednostkę czasu w średnim czasie$\bar{z}$, ilość ciepła, które zostanie uwolnione podczas przenoszenia energii kinetycznej elektronów do sieci krystalicznej metalu będzie równa $Q = \bar{E}\bar{z}$, gdzie $\bar{z}$ - wartość odwrotności średniego czasu swobodnego przejścia elektronów$\bar{\tau}$, tj. = $\bar{z}\bar{\tau}$. 1 / lub = $\bar{z}\frac{\bar{u}}{\bar{\lambda}}$.

Wówczas przez czas t ilość ciepła, która zostanie przydzielona przewodnikowi podczas przepływu prądu będzie równa:

$$Q=\bar{E}\bar{z}t=\frac{mv_m{}^2}{2}nV\frac{\bar{u}}{\bar{\lambda}}t=\frac{ne^2\bar{\lambda}}{2m\bar{u}}E^2Vt^-$$

Lub poprzez wprowadzenie pojęcia prądu mocy cieplnej właściwej, jako ω = Q/Vt, $\omega=\frac{ne^2\bar{\lambda}}{2m\bar{u}}E^2$ - Prawo Joule'a-Lentza w formie elektronicznej, gdzie $\sigma=\frac{ne^2\bar{\lambda}}{2m\bar{u}}$.

To znaczy. $\omega=\sigma E^2$

Wzór ten jest odpowiednikiem wzoru z eksperymentalnego prawa Joule'a-Lentza, zapisanego przez moc prądu $P = \frac{Q}{t} = \frac{U^2}{R}$, gdzie P~ω, ~ ~ U^2 E^2 R $\frac{1}{\sigma} = \rho$

.

Tak więc, klasyczna teoria przewodnictwa elektrycznego metali może elektronicznie wyjaśnić podstawowe prawa prądu stałego.

6.4 Trudności związane z klasyczną teorią przewodnictwa elektrycznego metali

Klasyczna teoria przewodnictwa elektrycznego metali, opracowana na początku XX wieku, wyjaśnia wiele zjawisk fizycznych i praw prądu elektrycznego w metalach z mikroskopowego (elektronicznego) punktu widzenia. Ale pod pewnymi względami jest to trudne.

Tak więc, na przykład, zgodnie z klasyczną teorią odporność metali jest proporcjonalna nie do temperatury przewodnika *T,* jak wynika z doświadczenia, a jego pierwiastek $\sqrt{T}$ kwadratowy. W rzeczywistości, zgodnie z klasyczną teorią $\frac{1}{\sigma} = \rho = \frac{2m\bar{u}}{ne^2\bar{\lambda}}, \bar{u} = \sqrt{\frac{3kT}{m}}$ gdzie *k-permanent* Boltsmann, m-masa elektronu (wzór odpowiada średniej prędkości kwadratowej ruchu termicznego cząsteczek w idealnym gazie, w naszym przypadku elektronów w sieci krystalicznej metalowego przewodnika). Więc, $\rho \sim \sqrt{T}$.

Ponadto, klasyczna teoria nie może wyjaśnić zjawisko nadprzewodnictwa powstającego w niektórych metalach i stopach w $T \rightarrow 0$ K, i zawyża obliczone dane dotyczące pojemności cieplnej metali w 1,5 razy w porównaniu z danymi z eksperymentu.

Te trudności i różnice tłumaczy się tym, że klasyczna teoria bierze pod uwagę cząsteczki elektronów w korpusie, nie bierze pod uwagę falowych właściwości elektronów, które prowadzą do dyskretnych poziomów ich energii w metalu, oraz że mogą one oddziaływać na siebie w gazie elektronowym. Kwantowa teoria przewodnictwa elektrycznego metali, opracowana w latach 30. XX wieku przez

J. Frenkela (1894-1952) w ZSRR i A. Sommerfelda (1868-1951) w Niemczech, pozwoliła wyjaśnić wiele zjawisk, które nie wyjaśniały teorii klasycznej. Zjawisko nadprzewodnictwa metali zostało po raz pierwszy wyjaśnione przez sowieckiego fizyka L. Landaua w latach 1957-1959.

Pytania kontrolne

1. Jakie są główne postanowienia klasycznej teorii przewodnictwa elektrycznego metali?
2. Jakie eksperymenty pomogły poznać naturę przewodnictwa elektrycznego metali?
3. Sformułować i wyprowadzić na podstawie teorii elektronicznej prawa Ohma i Joule'a - Lentza.
4. Jakie są wady klasycznej teorii przewodnictwa elektrycznego metali?

6.5 Eksploatacja wyjścia elektronów z metalu. Zjawiska związane z emisją i ich zastosowanie

Elektrony przewodzące w metalu znajdują się w przypadkowym ruchu. Najszybciej poruszające się elektrony, które mają wystarczająco dużą energię kinetyczną, mogą wyłamać się z metalu w otaczającej je przestrzeni. W tym przypadku działają one zarówno przeciwko siłom przyciągania od strony nadmiaru ładunku dodatniego powstającego w metalu w wyniku ich odejścia, jak i przeciwko siłom odpychania od wcześniej odchodzących elektronów, tworzących się w pobliżu powierzchni przewodnika elektronicznego "chmury". Pomiędzy elektronowym gazem w metalu a elektronowym "obłokiem" jest ustawiona dynamiczna równowaga (Rys.49).

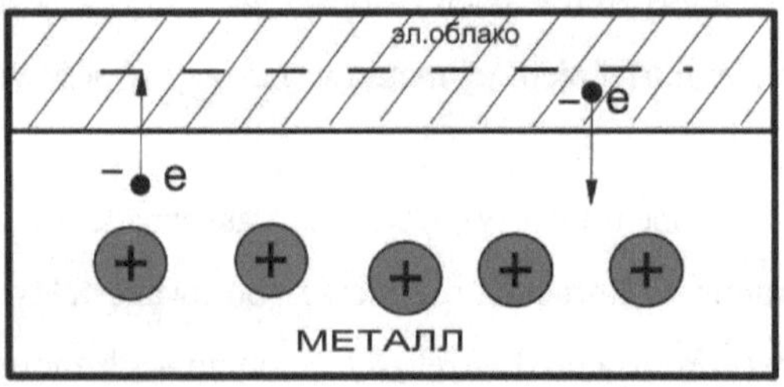

Rys.49. Do koncepcji działania wyjścia elektronowego z metalu

Zadanie, które należy wykonać, aby usunąć elektron z metalu do próżni, nazywane jest zadaniem wyjściowym. Jest on równy $A = e\varphi$, gdzie *e jest* ładunkiem elektronu, φ jest potencjałem wyjściowym. Praca wyjściowa jest wykonywana przez elektrony poprzez redukcję ich energii kinetycznej. Dlatego wolno poruszające się elektrony nie mogą wydostać się z metalu. Praca wyjściowa zależy od chemicznej natury metalu i stanu jego zanieczyszczenia powierzchni. W przypadku czystych metali praca wyjściowa waha się w granicach kilku woltów elektronowych (eV). 1 eV=-1,6·10-19 J.

Dla przykładu, działanie wyjścia elektronowego z platyny wynosi 6,27 eV, a z cezu 1,81 eV.

Elektron przewodzący może wydostać się z metalu, jeżeli jego energia przekracza wartość wyjściową *A* elektronu z tego metalu.

Jeśli powiesz elektronom w metalach energię potrzebną do przezwyciężenia wyjścia, niektóre elektrony mogą opuścić metal, powodując zjawisko emisji elektronów, lub *emisji* elektronicznej. W zależności od sposobu komunikacji z elektronami energii rozróżnia się emisję termoelektryczną, fotoelektryczną, wtórną elektroniczną i autoelektryczną.

1) Emisja termoelektronów to emisja elektronów z podgrzanych metali. Stężenie wolnych elektronów w metalach jest dość wysokie, więc nawet w średnich temperaturach z powodu rozkładu elektronów przy prędkościach (energiach) niektóre elektrony mają wystarczająco dużo energii, aby pokonać potencjalną barierę na granicy metalu. Wraz ze wzrostem temperatury wzrasta liczba elektronów, których energia kinetyczna ruchu termicznego jest większa niż wyjściowa, a zjawisko emisji termoelektronicznej staje się widoczne.

Badanie termoelektronicznych wzorców emisji może być przeprowadzone przy użyciu najprostszej dwuelektrodowej lampy próżniowej diodowej, która jest pompowanym cylindrem zawierającym dwie elektrody: katodę *K* i anodę *A.* W najprostszym przypadku katoda jest gwintem z metalu ogniotrwałego (np. wolframu), który jest żarzony przez prąd elektryczny. Anoda najczęściej ma postać metalowego cylindra otaczającego katodę. Jeśli dioda jest włożona do obwodu, jak pokazano na rysunku. Gdy katoda jest żaroodporna i do anody doprowadzone jest napięcie dodatnie (w stosunku do katody), w obwodzie anody diodowej wytwarzany jest prąd. Jeśli zmieni się biegunowość baterii Ba, prąd zatrzyma się bez względu na to, jak bardzo katoda jest żarząca. W konsekwencji, katoda emituje ujemne cząstki, elektrony.

Jeśli temperatura katody żarowej zostanie utrzymana na stałym poziomie, a zależność prądu anodowego *Ia* od napięcia anodowego *Ua*, charakterystyka woltoampera zostanie usunięta (Rys. 50b), okazuje się, że nie jest ona liniowa, tzn. dla diody próżniowej Ohma prawo nie jest spełnione. Zależność prądu termoelektronicznego *I* od napięcia anodowego w rejonie małych dodatnich wartości *U opisuje* prawo trzech sekund (ustanowione przez rosyjskiego fizyka S. V. S., "Ohm"). A. Boguslavsky (1883-1923) i amerykański fizyk I. Langmuir (1881-1957):

$$I = BU^{3/2},$$

gdzie *współczynnik B zależy* od kształtu i wielkości elektrod, jak również ich wzajemnego ułożenia.

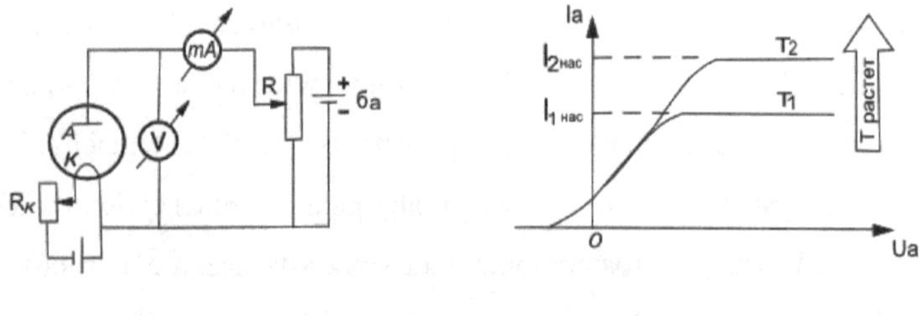

Rys. 50. Schemat badania zjawiska emisji termoelektronicznej za pomocą lampy dioda a) i jej charakterystyka woltoampera b)

Wraz ze wzrostem napięcia anody prąd wzrasta do pewnej maksymalnej wartości *Inas,* zwanej *prądem nasycenia*. Oznacza to, że prawie wszystkie elektrony opuszczające katodę docierają do anody, więc dalszy wzrost natężenia pola nie może prowadzić do wzrostu prądu termoelektronicznego. W związku z tym gęstość prądu nasycenia charakteryzuje zdolność emisyjną materiału katodowego.

Gęstość prądu nasycenia określa wzór Richardsona-Deschmana, wyprowadzony teoretycznie przez tych angielskich naukowców na podstawie statystyki kwantowej:

$$¼nas = CT2e^{-A/kT},$$

gdzie A-elektron na wyjściu z katody, temperatura termodynamiczna T, stała emisji C, k jest stałą Boltzmanna.

Obniżona wydajność wyjściowa powoduje gwałtowny wzrost gęstości prądu nasycenia. Dlatego też stosowane są katody tlenkowe (np. nikiel pokryty tlenkiem metali alkalicznych), których moc wyjściowa wynosi 1-1,5 eV.

Na Rys. 50b przedstawia charakterystykę woltoamperów dla dwóch temperatur katodowych: *T1* i *T2*, z *T2>T1*. Poprzez podwyższenie temperatury katody emisja elektronów z katody jest bardziej intensywna, a prąd nasycenia również wzrasta. Przy *Ua=0* obserwowany jest prąd anodowy, tzn. niektóre elektrony emitowane przez katodę mają wystarczająco dużo energii, aby pokonać wyjście i dotrzeć do anody bez stosowania pola elektrycznego.

Zjawisko emisji termoelektronicznej jest stosowane w urządzeniach, w których konieczne jest uzyskanie przepływu elektronów w próżni, takich jak lampy elektroniczne, lampy rentgenowskie, mikroskopy elektronowe itp. Lampy elektroniczne są szeroko stosowane w inżynierii elektrycznej i radiowej, automatyce i telemechanice do prostowania prądów przemiennych, wzmacniania sygnałów elektrycznych i prądów przemiennych, generowania oscylacji elektromagnetycznych, itp. W zależności od zastosowania, w lampach stosowane są dodatkowe elektrody sterujące.

2. Emisja fotoelektroniczna to emisja elektronów z metalu pod wpływem światła, jak również krótkofalowe promieniowanie elektromagnetyczne (np. promieniowanie rentgenowskie). Występuje, gdy pojawia się efekt fotograficzny.

3. Wtórna emisja elektronów *to* emisja elektronów przez powierzchnię metali, półprzewodników lub dielektryków, gdy są one bombardowane przez wiązkę elektronów. Strumień elektronów wtórnych składa się z elektronów odbitych na powierzchni (elastycznych i nieelastycznych odbitych elektronów) oraz "prawdziwych" elektronów wtórnych - elektronów wyrwanych z metalu, półprzewodnika lub dielektryka przez elektrony pierwotne.

Stosunek liczby elektronów wtórnych *n2* do liczby elektronów pierwotnych *n1, które* spowodowały emisję, jest nazywany *współczynnikiem emisji elektronów wtórnych:* $\delta = n2 / n$

Współczynnik ten δ zależy od rodzaju materiału powierzchniowego, energii cząstek bombowca i ich kąta uderzenia w powierzchnię. Półprzewodniki i dielektryki mają więcej δ niż metale. Wyjaśnia to fakt, że w metalach, gdzie stężenie elektronów przewodzących jest wysokie, elektrony wtórne, często zderzając się z nimi, tracą swoją energię i nie mogą opuścić metalu. W półprzewodnikach i dielektrykach z powodu niskiej koncentracji elektronów przewodzących zderzenia elektronów wtórnych z elektronami przewodzącymi są znacznie rzadsze, a prawdopodobieństwo wystąpienia elektronów wtórnych z emitera wzrasta kilkakrotnie.

Zjawisko wtórnej emisji elektronicznej jest wykorzystywane w *lampach fotopowielaczowych* (PEM), które służą do wzmacniania słabych prądów elektrycznych. PEU jest rurką próżniową z fotokatodą K i anodą A, pomiędzy którymi znajduje się kilka elektrod emitujących (Rys. 50). Elektrony wyrwane z fotokatody pod wpływem światła uderzają w emiter E1, przekraczając przyspieszającą różnicę potencjałów pomiędzy K i E1. Elektrony są wybijane z emitera E1. Wzmocniony w ten sposób strumień elektronów jest kierowany do emitera E2, a proces mnożenia jest powtarzany na wszystkich kolejnych emiterach. Jeśli PEU emiterów zawartości, na anodzie A, zwanej *kolektorem, uzyskuje się* prąd fotoelektroniczny wzmocniony w czasach δn.

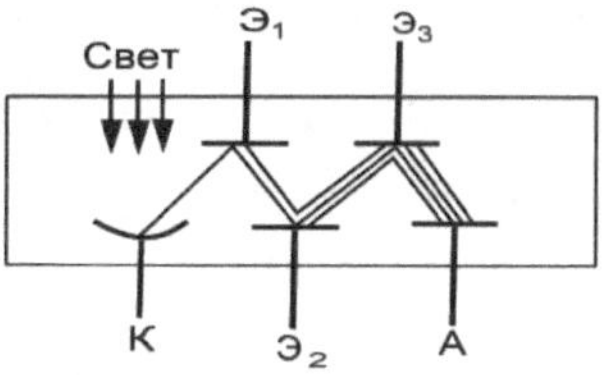

Rys.51. Do zjawiska wtórnej elektronicznej emisji PES.

5. *Emisja autoelektroniczna* to emisja elektronów z powierzchni metalowych pod wpływem silnego zewnętrznego pola elektrycznego. Zjawiska te można zaobserwować w pompowanej rurze, której konfiguracja elektrod (katoda - punkt, anoda - wewnętrzna powierzchnia rury) pozwala przy napięciach około ^{103V} uzyskać pola elektryczne o wartości około ^{107} V/m. Przy stopniowym wzroście napięcia już przy natężeniu pola około $^{105\text{-}106}$ V/m powierzchnia katody ma słaby prąd spowodowany przez elektrony emitowane przez katodę. Siła tego prądu wzrasta wraz ze wzrostem napięcia na rurze. Prądy pojawiają się, gdy katoda jest zimna, więc opisane zjawisko nazywane jest również *emisją zimna.* Wyjaśnienie mechanizmu tego zjawiska jest możliwe tylko na podstawie teorii kwantowej.

Pytania kontrolne

1. Jak nazywa się pracę wyjścia elektronowego z metalu? Z czego to wynika i od czego zależy?
2. Jakie jest zjawisko emisji termoelektronicznej? Wyjaśnić zależność prądu termoelektronicznego od napięcia anody.
3. Jakie są inne zjawiska emisyjne?

7. prąd elektryczny w gazach.

Gazy, w przeciwieństwie do metali i elektrolitów, składają się z elektrycznie neutralnych atomów i molekuł i nie zawierają wolnych ładunków, które mogłyby wejść w uporządkowany ruch pod wpływem działania pola elektrycznego. Dlatego też, w normalnych warunkach, gazy są dielektrykami (izolatorami). Dlatego powietrze jest stosowane w technologii jako izolator w liniach energetycznych, pomiędzy osłonami kondensatorów powietrza, w stykach przełącznikowych. Ale jeśli gaz jest w pewien sposób zjonizowany, tzn. podgrzany do wysokiej temperatury, napromieniowany promieniami ultrafioletowymi, rentgenowskimi lub gamma, gaz staje się przewodzący elektrycznie. Dzieje się tak dlatego, że pod wpływem oddziaływania zewnętrznego (jonizatora) w gazie znajdują się wolne cząstki (jony, elektrony), które powodują przewodnictwo elektryczne. Proces powstawania wolnych cząstek nazywany jest jonizacją, natomiast czynniki jonizujące nazywane są jonizatorami. Pod wpływem działania jonizatora cząsteczki neutralne i atomy gazu tracą jeden lub więcej elektronów, w wyniku czego pozostała cząsteczka staje się dodatnio naładowanym jonem. Niektóre z wolnych elektronów są przechwytywane przez atomy neutralne i powstają jony ujemne. Jest to nośnik prądu w przewodzeniu gazów - elektronów, jonów dodatnich i ujemnych. Mechanizm jonizacji gazu pokazano na Rys. 52.

Rys.52. Mechanizm jonizacji cząsteczek gazu

Jeśli jonizator zostanie zatrzymany, jony w gazie nie znikają natychmiast, ale po pewnym czasie. Zanikanie jonów gazowych tłumaczy się tym, że uczestniczą one w ruchu termicznym i dlatego zderzają się ze sobą. Przy zderzeniu jonu dodatniego z elektronem mogą być one ponownie połączone w atomie neutralnym (rys.53).

Rys.53. Element mechanizmu rekombinacji

Podobnie, w dodatnim i ujemnym zderzeniu jonów, jon ujemny może dać swój nadmiar elektronu jonowi dodatniemu i oba jony zamienią się w atom neutralny. Ten proces wzajemnej neutralizacji jonów nazywany jest rekombinacją jonów. Gaz staje się dielektrykiem.

Oderwanie elektronu od atomu wymaga wydatkowania pewnej energii - energii jonizacji. Zależy on od struktury atomu i dlatego jest różny dla różnych substancji. Tak więc, na przykład, aby zjonizować atom helu trzeba wydać pięć razy więcej energii niż aby zjonizować atom sodu.

7.1 Charakterystyka wyładowania gazu woltoamperowego. Samoistne i niesamoistne wyładowania gazów

Proces przepuszczania prądu elektrycznego w gazach nazywany jest wyładowaniem gazowym.

Rozważmy obwód składający się ze źródła napięcia, rury gazowej z elektrodami, zmiennej rezystancji, której wielkość można zmieniać w szerokim zakresie, urządzeń pomiarowych (Rys. 54).

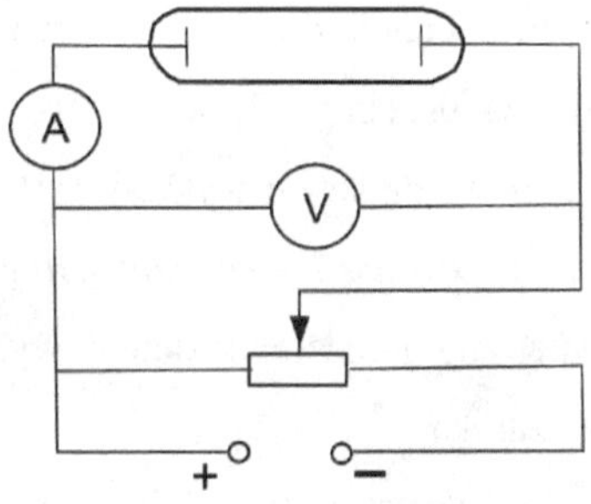

Rys.54. Schemat badań nad wyładowaniami gazu

Rys. 55 przedstawia charakterystykę woltomierza i amperomierza wyładowań gazowych występujących w rurce, tzn. odczyty woltomierza i amperomierza są porównywane przy zmianie rezystancji w obwodzie.

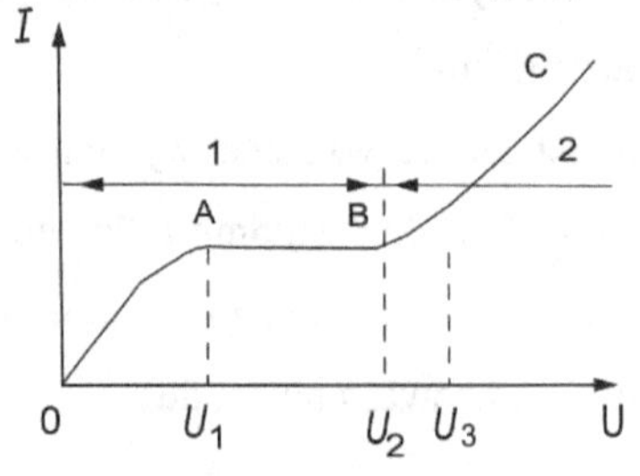

Rys.55. Charakterystyka wyładowań gazów woltoamperowych

W sekcji wykresu OA, prąd podlega prawu Ohma. Przy niskim napięciu siła prądu jest niska, ponieważ jony rekombinują się przy niskich prędkościach, nie docierając do elektrod. Wraz ze wzrostem napięcia pomiędzy elektrodami wzrasta prędkość kierunkowego ruchu elektronów i jonów, więc większość naładowanych cząstek dociera do elektrod, a tym samym zwiększa się siła prądu.

Przy określonej wartości napięcia U1 wszystkie jony mają wystarczającą prędkość i bez rekombinacji docierają do elektrod. Prąd staje się maksymalny i nie jest zależny od dalszego wzrostu napięcia do wartości *U2*. Prąd taki nazywany jest *prądem nasycenia* i odpowiada sekcji wykresu AB. Część schematu OAW charakteryzuje *wyładowanie gazu nie będące samoistnym wyładowaniem*. Gdy źródło napięcia lub zewnętrzny jonizator zostanie wyłączony, prąd w takim rozładowaniu natychmiast zanika.

Przy napięciu *U2* rzędu kilku tysięcy woltów, prędkość elektronów powstających w wyniku jonizacji cząsteczek, a w konsekwencji ich energia kinetyczna znacznie wzrasta. A kiedy energia kinetyczna osiągnie wartość energii jonizacji, elektrony zderzają się z neutralnymi cząsteczkami i je jonizują. Dodatkowa jonizacja prowadzi do lawinowego wzrostu liczby cząstek naładowanych, a w konsekwencji do znacznego zwiększenia siły prądu bez wpływu zewnętrznego jonizatora. Przepływ prądu elektrycznego bez wpływu zewnętrznego jonizatora nazywany jest *niezależnym wyładowaniem*. Taka zależność jest wyrażona w części wykresu AF.

Występowanie elektronicznych lawin w gazie nie jest jednak jeszcze samodzielnym wyładowaniem. Gdy zewnętrzny jonizator jest wyłączony, prąd anodowy również zanika. Aby wyładowanie było niezależne, konieczne jest, aby lawiny elektroniczne wspierały się, tzn. aby w gazie zachodził również inny proces, który w sposób ciągły wytwarza nowe elektrony, a nie odchodzące. Taki proces to *wtórna elektroniczna emisja* z katody pod wpływem bombardowania jonami dodatnimi. Jeśli dodatni jon nabierze wystarczającej energii podczas ruchu do katody, może wybić niektóre elektrony z katody. Tak więc warunki niezbędne do pojawienia się niezależnego rozładunku gazu są następujące:

- pojawienie się elektronicznych lawin,
- obecność wtórnej emisji elektronicznej.

7.2 Główne rodzaje niezależnego odprowadzania gazu i ich praktyczne zastosowanie

W zależności od ciśnienia gazu, konfiguracji elektrody i parametrów obwodu zewnętrznego, istnieją cztery główne rodzaje samowyładowania: tlące się, koronowe, iskrowe, łukowe.

7.2.1. Wyładowanie tlące.

Wyładowanie tlące się występuje w gazach o niskim ciśnieniu około 0,1 - 1,0 mm Hg i napięciu kilkuset woltów. Można go zaobserwować w szklanej rurce z płaskimi metalowymi elektrodami przylutowanymi na końcach (Rys. 56).

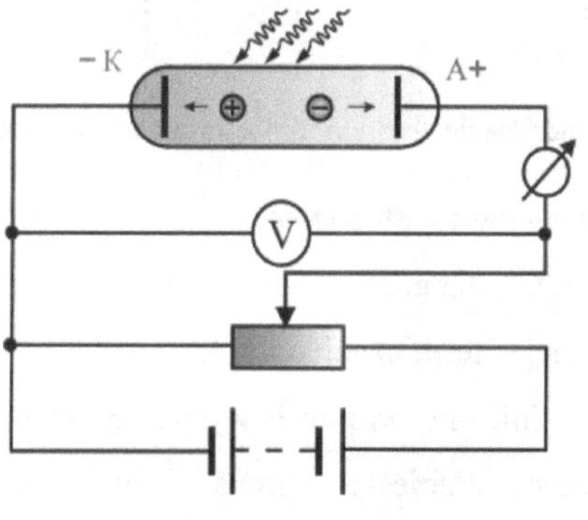

Rys.56. Uzyskanie tlącego się wypływu

Wyładowanie tlące się ma kilka ciemnych i jasnych stref (Rys. 57).

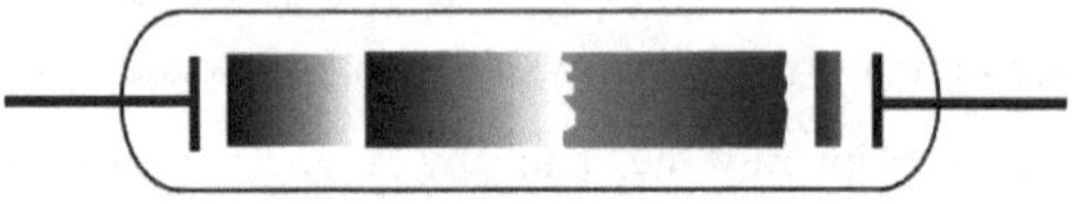

Rys.57. Jarzenie w rurze przy wylocie z tlącego się materiału

Zastosowanie wyładowań tlących: lampy reklamowo-świetlne, katodowe natryskiwanie metali, chemiczna i termiczna obróbka metali w celu zwiększenia wytrzymałości i trwałości części.

7.2.2. Zrzut z korony.

Wyładowanie koronowe zachodzi przy ciśnieniu atmosferycznym i wysoce niejednorodnym polu tworzonym przez elektrody o różnych kształtach geometrycznych. Zazwyczaj jedną z nich jest elektroda w kształcie cylindra, a drugą cienki metalowy drut w środku cylindra. Zazwyczaj do cienkiego przewodu doprowadzany jest ujemny potencjał i napięcie rzędu kilku tysięcy woltów. Wyładowanie świetlne ma postać korony wokół drutu lub krawędzi (Rys. 58) o dużym natężeniu pola *E*.

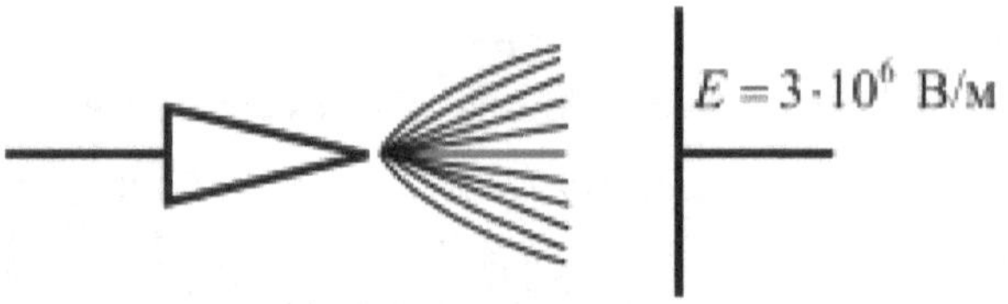

Rys.58. System udzielania absolutorium z wykonania budżetu korygującego

Wyładowanie koronowe stosowane jest w technologii urządzenia elektrofiltrów do oczyszczania gazów przemysłowych z zanieczyszczeń stałych i ciekłych, do chemicznej i termicznej obróbki metali. Wyładowanie koronowe może wystąpić wokół linii przesyłowych wysokiego napięcia (linie wysokiego napięcia) jako świecąca niebieska korona o niewystarczającym przekroju przewodu.

7.2.3. *Wyładowanie iskry.*

Wyładowanie iskrowe następuje pod ciśnieniem atmosferycznym na skutek rozpadu warstwy powietrza między elektrodami, gdy jest do nich przyłożone bardzo wysokie napięcie. Gdy w gazie pojawia się wyładowanie iskrowe, pojawiają się smugi. Strimmery to kanały zjonizowanego gazu, które wyglądają jak przerywane, jasne, zygzakowate nici. W tym przypadku obserwowany jest żar gazu i wydzielana jest duża ilość ciepła.

Rys.59. Schemat odprowadzania iskier

Gaz zaczyna się rozszerzać i emitować fale dźwiękowe. Uderzającym przykładem wyładowania iskrowego jest piorun i towarzyszący mu grzmot. W przypadku wyładowań atmosferycznych, elektrody to chmury lub chmura i Ziemia.

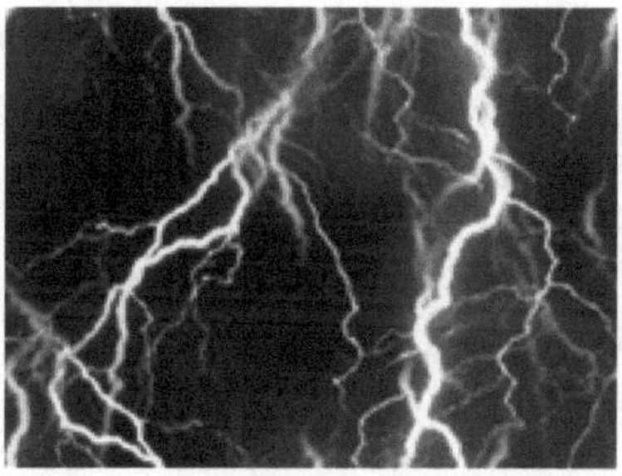

Rys.60. Piorun to gigantyczne wyładowanie iskrowe.

Wyładowania iskrowe stosuje się do zapalania paliwa w silnikach spalinowych oraz do elektrycznej obróbki iskrowej metali do miejscowego hartowania części lub wiercenia materiałów ogniotrwałych.

7.2.4. *Wyładowanie łukowe.*

Wyładowanie łukowe występuje w powietrzu pod ciśnieniem atmosferycznym i niskim napięciem. Ma formę łuku.

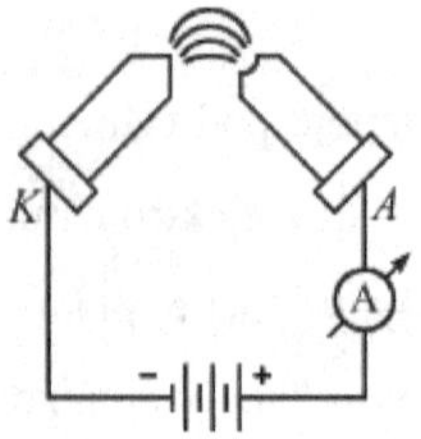

Rys.61. Schemat uzyskania zrzutu łukowego

Wyładunek łukowy jest używany do spawania i cięcia metali, do topienia metalu w piecach elektrycznych i w reflektorach o silnym blasku.

Pytania kontrolne

1. Jakiego rodzaju niezależne wyładowania gazu znasz?
2. Podaj przykłady praktycznych zastosowań samodzielnego odprowadzania gazu.

8. Prąd elektryczny w półprzewodnikach

Ze względu na swoje właściwości elektryczne, wszystkie substancje w przyrodzie są podzielone na trzy klasy: przewodniki, dielektryki i półprzewodniki. Półprzewodniki - substancje, których oporność właściwa zmniejsza się wraz ze wzrostem temperatury i zależy od obecności zanieczyszczeń i zmian w oświetleniu. Oporność żył w temperaturze pokojowej mieści się w zakresie od 10-3 do ^{107} Ohm.

Półprzewodniki obejmują:

- czyste elementy grup III, IV, V, VI z tabeli Mendelejewa,
- tlenki i siarczki tych pierwiastków,
- związki chemiczne pierwiastków z grup III i V tabeli Mendelejewa z kratą diamentopodobną. Na przykład GaAs, InSb, GaP,
- materiały organiczne.

Grupy III IV V VI Okres

B5	C6			2
	Si14	P15	S16	3
Ga31	Ge32	As33	Se34	4
In49	Sn50	Sb51	Te52	5

W przeciwieństwie do metali, półprzewodniki charakteryzują się silnym obniżeniem odporności na temperaturę. A ta zależność ma charakter nieliniowy.

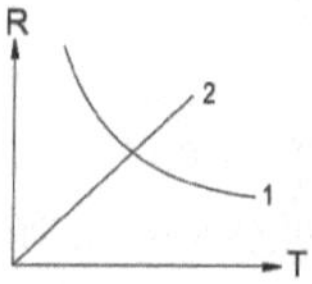

Rys.62. Zależność rezystancji półprzewodnika (1) i metalu (2) od temperatury

Oznacza to, że wraz ze wzrostem temperatury przewodnictwo półprzewodników gwałtownie wzrasta. Aby wyjaśnić to zjawisko konieczne jest rozważenie z fizycznego punktu widzenia mechanizmu przewodnictwa w najbardziej typowych półprzewodnikach z grupy IV tabeli Mendelejewa kryształów krzemu i germanu, a następnie na ich przykładzie w czystych i nieczystych półprzewodnikach.

W tych kryształach atomy są połączone ze sobą za pomocą wiązania kowalencyjnego. Po podgrzaniu wiązanie kowalencyjne zostaje przerwane, a atomy ulegają jonizacji. Powoduje to powstawanie wolnych elektronów i "dziur" - wolnych miejsc dodatnich z brakującymi elektronami.

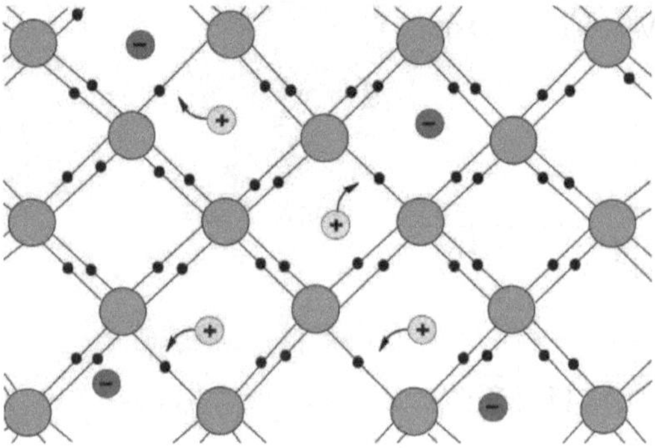

Rys.63. Pęknięcie wiązania kowalencyjnego w krysztale półprzewodnikowym z grupy IV tabeli
Mendelejew podczas ogrzewania z tworzeniem wolnych elektronów i "dziur".

W tym przypadku elektrony sąsiednich atomów mogą zajmować wolne pozycje, tworząc "dziurę" w sąsiednim atomie. W ten sposób nie tylko elektrony, ale również "dziury" mogą poruszać się wzdłuż kryształu. Po umieszczeniu takiego kryształu w polu elektrycznym elektrony i otwory wejdą w uporządkowany ruch - pojawi się prąd elektryczny.

8.1 Przewodność własna

W czystym krysztale prąd elektryczny jest tworzony przez równą liczbę elektronów i "dziur". Przewodność elektryczna wynikająca z ruchu swobodnych elektronów i równej liczby "otworów" w krysztale półprzewodnikowym bez zanieczyszczeń nazywana jest przewodnością własną półprzewodnika.

Wraz ze wzrostem temperatury, wraz ze wzrostem liczby wolnych elektronów i "dziur", zwiększa się przewodnictwo własne półprzewodnika. Mechanizm przewodnictwa eigenwirusowego w półprzewodnikach można ustalić na podstawie schematu przedstawionego na rys. 63.

8.2 Nieczyste przewodnictwo

Przewodność przewodników zależy od obecności zanieczyszczeń. Zanieczyszczenia są zarówno dawcą, jak i akceptantem. Zanieczyszczenie dawcy to zanieczyszczenie o wyższej wartości. Na przykład dla krzemu czterowartościowego zanieczyszczeniem dawcy jest pentawalentny arsen. Cztery elektrony walencyjne atomu arsenu są zaangażowane w tworzenie wiązania kowalencyjnego, a piąty stanie się elektronem przewodzącym. Wiązanie kowalencyjne zostaje przerwane podczas ogrzewania i powstają dodatkowe elektrony przewodzące oraz "otwory". Dlatego liczba wolnych elektronów w krysztale przeważa nad liczbą "dziur". Przewodność takiego przewodnika jest elektroniczna, półprzewodnik jest półprzewodnikiem typu n. Elektrony są głównymi nośnikami ładunków, "otwory" nie są podstawowe.

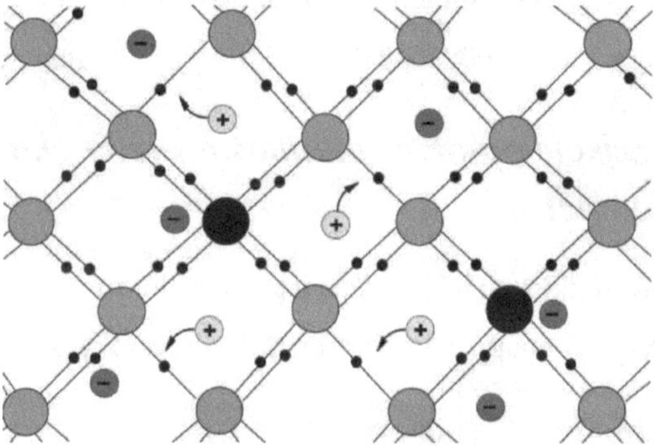

Rys.64. Mechanizm nieczystego przewodnictwa dawcy w półprzewodnikach

Zanieczyszczenie akceptujące - zanieczyszczenie o niższej walencji. Na przykład, dla krzemu czterowartościowego, zanieczyszczenie akceptor jest trójwartościowym indem. Trzy elektrony walencyjne atomu indu są zaangażowane w tworzenie wiązania kowalencyjnego z trzema atomami krzemu, a w miejsce czwartego złożonego wiązania kowalencyjnego powstaje "dziura". Po podgrzaniu wiązanie kowalencyjne zostaje przerwane i powstają dodatkowe elektrony i "otwory".

Dlatego liczba "dziur" w krysztale przeważa nad liczbą wolnych elektronów. Przewodność takiego przewodnika jest typu otworowego, półprzewodnikowego typu p.

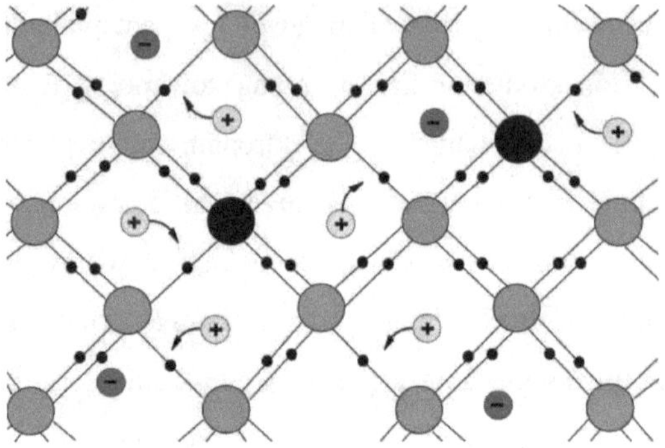

Rys.65. Mechanizm przewodzenia zanieczyszczeń akceptora w półprzewodnikach

"Otwory" to główne nośniki ładunku, elektrony nie są głównymi nośnikami.

8.3. p-n - przejście półprzewodnikowe i jego charakterystyka napięciowo-amperowa

Gdy półprzewodniki typu p i n stykają się po drugiej stronie granicy, elektrony od pola n do pola p i "otwory" od pola p do pola n ulegają rozproszeniu.

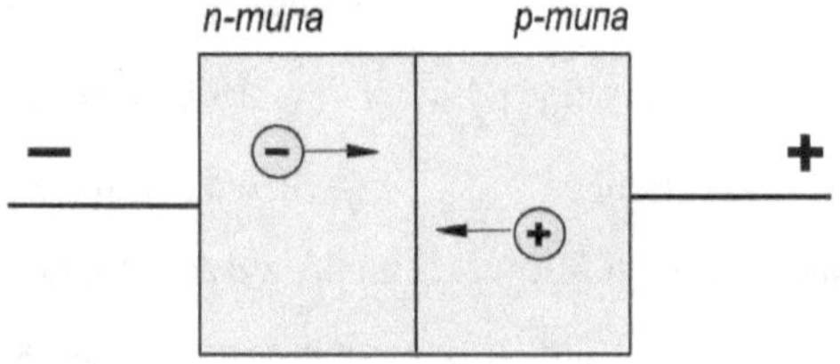

Rys.66. Dyfuzja elektronów i "otworów" na granicy p-n-semiconductor

Powoduje to powstanie warstwy blokującej, która zapobiega dalszej dyfuzji. p-n-złącze ma przewodność jednokierunkową.

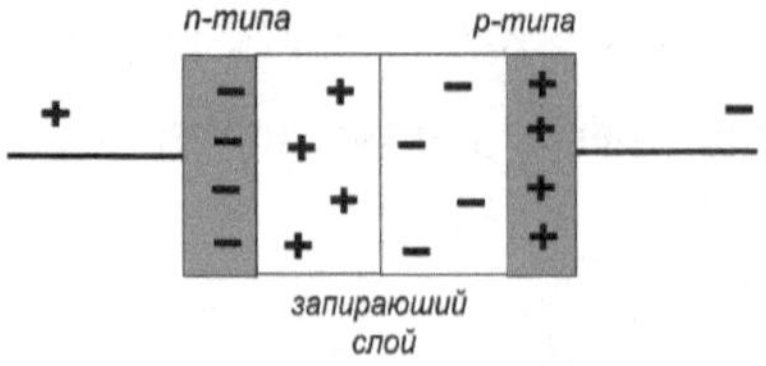

Rys.67. Pojawienie się warstwy barierowej na styku półprzewodników p-n

Gdy złącze p-n jest podłączone do źródła zasilania w taki sposób, że pole p jest podłączone do bieguna dodatniego, a pole n do ujemnego, pojawia się ruch głównych nośników ładunku przez warstwę styku. Ta metoda połączenia jest nazywana forward switching.

Gdy złącze p-n jest podłączone do źródła zasilania w taki sposób, że pole p jest podłączone do bieguna ujemnego, a pole n do dodatniego, zwiększa się grubość warstwy blokującej i zatrzymuje się ruch głównych nośników ładunku przez warstwę stykową, ale może wystąpić ruch ładunków nieordzeniowych przez warstwę stykową. Ta metoda połączenia jest nazywana odwróceniem.

Zasada działania diody półprzewodnikowej opiera się na własności jednostronnej przewodności złącza p-n. Główne zastosowanie diody półprzewodnikowej - prąd prostownika.

Rys.68. Obraz diod półprzewodnikowych na wykresach

Rys. 69 przedstawia charakterystykę napięciowo-amperową złącza p-n w półprzewodnikach.

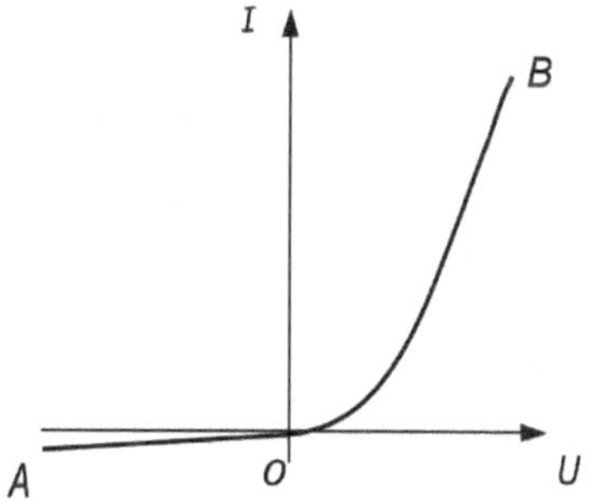

Rys.69. Charakterystyka woltoamperowa połączenia p-n

Gałąź OV odpowiada kierunkowi przepływu prądu, gdy prąd jest generowany przez główne nośniki ładunku, a wraz ze wzrostem napięcia wzrasta siła prądu (stała lub przelotowa). Gałąź napięcia przepięciowego odpowiada prądowi wytwarzanemu przez nie główne nośniki ładunku, a siła prądu jest niewielka (prąd wsteczny).

Pytania kontrolne

1. Jakie substancje są nazywane półprzewodnikami?
2. Jakie pierwiastki chemiczne odnoszą się do półprzewodników?
3. Pokaż na wykresie zależność oporności półprzewodnika i metalu od wpływu temperatury.

Wyjaśnij fizyczną przyczynę tych wzorów.

4. Jak zanieczyszczenia wpływają na przewodność elektryczną półprzewodników? Wyjaśnij jak powstają otwory i zanieczyszczenia elektroniczne w półprzewodnikach.
5. Na przykładzie diody półprzewodnikowej, wyjaśnij połączenie p-n w półprzewodnikach i jego charakterystykę woltoamperową.
6. Podaj przykłady praktycznych zastosowań półprzewodników. Jakie są zalety urządzeń i przyrządów półprzewodnikowych w porównaniu z innymi materiałami?

Rozdział III. Zjawiska magnetyczne

"Powinniśmy spróbować sprawdzić, czy produkuje elektryczność... wszelkie działania do magnesu..."
Г. Ersted

Zjawiska magnetyczne znane były już w starożytności z obserwacji właściwości naturalnego magnetycznego żelaza w celu przyciągania obiektów żelaznych i ich namagnesowania. Jednocześnie obserwowano właściwości magnetyczne Ziemi, dzięki czemu magnes prętowy, zbalansowany w końcówce, samoistnie ustawił się niemal wzdłuż południka geograficznego. Kompas oparty na tej nieruchomości istniał w Chinach około 3000 lat temu.

Pierwszą osobą, która wyjaśniła, co to jest magnes i magnetyzm, był angielski lekarz i lekarz W. Hilbert (1544-1603), który ustalił, że Ziemia jest dużym magnesem stałym z biegunami południowym i północnym. Hilbert stwierdził, że bieguny o tej samej nazwie są przyciągane przez magnes, a bieguny o tej samej nazwie są odpychane. I wpisał oznaczenia dla tych biegunów: N-północ, S-south. Kolejnym etapem było ustalenie ścisłej zależności pomiędzy zjawiskami elektrycznymi i magnetycznymi, co nastąpiło po pracach doświadczalnych duńskiego fizyka G. Ersteda (1777-1851), który w 1820 r. ustalił, że istnieje interakcja pomiędzy stałym prądem elektrycznym a strzałką magnetyczną. Strzałka obraca się prostopadle do przewodu z prądem. W tym samym roku francuski fizyk Amper powtórzył i pogłębił doświadczenie Ersteda i stwierdził, że jeśli prąd płynie w tych drutach w jednym kierunku, to są one wzajemnie przyciągane, a jeśli w przeciwnym - odpychane.

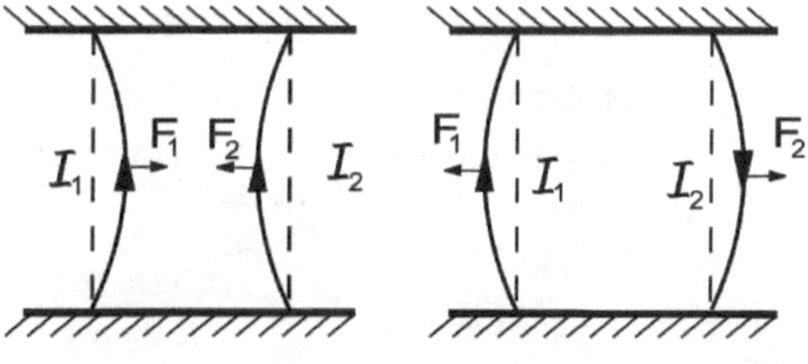

Rys. 70. Oddziaływanie magnetyczne przewodników z prądem

Kolejne eksperymenty przeprowadzone w XIX i na początku XX wieku przez wielu naukowców wykazały, że właściwości magnetyczne wykrywają nie tylko prąd w przewodach, ale także prąd w cieczach i gazach oraz ogólnie każdy ruchomy ładunek elektryczny. Stały ładunek elektryczny nie wpływa na strzałkę magnetyczną. Tak więc *tylko poruszające się ładunki elektryczne podlegają wpływowi magnetycznemu.*

1. Pole magnetyczne

1.1 Pole magnetyczne. Indukcja pola magnetycznego

W konsekwencji, tak jak pole elektryczne powstaje w przestrzeni otaczającej stałe ładunki, tak specjalny rodzaj pola zwanego magnetycznym powstaje w przestrzeni otaczającej prądy.

Prąd w jednym przewodniku nie wpływa bezpośrednio na strzałkę magnetyczną i prąd w drugim przewodniku. Tworzy on wokół siebie pole magnetyczne, które działa na prąd w drugim przewodniku. Pole magnetyczne jest materialne: istnieje ono niezależnie od nas, od naszej wiedzy o nim. Podstawowa właściwość pola magnetycznego: jest ono generowane przez prąd (ładunek ruchomy) i wykrywane przez działanie na prąd (ładunek ruchomy). Do badania pola magnetycznego przyjmuje się albo obwód zamknięty z prądem (ramka z prądem), albo strzałkę magnetyczną w punkcie. Jeśli ramka przewodząca prąd lub strzałka magnetyczna na punkcie zostanie umieszczona w polu magnesu stałego, to będzie się ona obracać, tzn. pole magnetyczne będzie oddziaływać bezpośrednio na ramkę przewodzącą prąd lub na strzałkę magnetyczną.

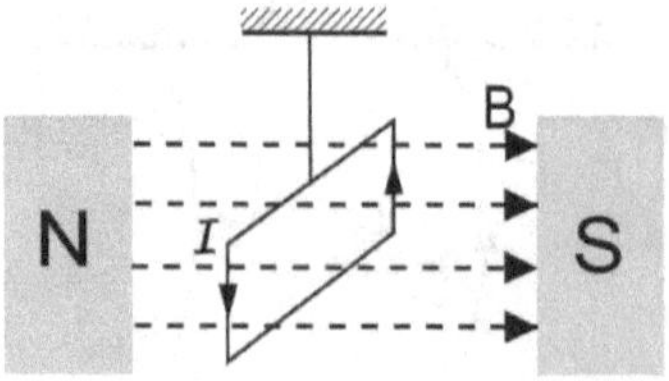

Rys. 71. Ramka z prądem w polu magnetycznym

Orientacyjne działanie pola magnetycznego na ramkę z prądem mówi, że wartość charakteryzująca pole magnetyczne powinna być wektorowa, a kierunek wektora powinien być związany z orientacją ramki lub strzałki magnetycznej. Ta wartość wektorowa charakteryzująca pole magnetyczne jest nazywana wektorem indukcji pola magnetycznego $\vec{B}$.

Kierunek wektora indukcji pola magnetycznego przyjmuje się jako kierunek albo północnego końca strzałki magnetycznej (Rys. 72a) albo prostopadłego, prowadzonego w płaszczyźnie ramy dowolnym prądem zgodnie z zasadą działania wiertła (Rys. 72b).

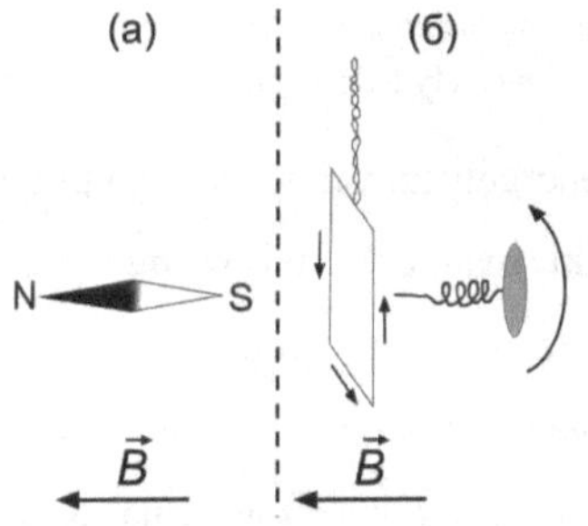

Rys.72. Kierunek pola magnetycznego

Określmy wartość indukcji pola magnetycznego. Siły działające na ramę przy obracaniu jej prądem (Rys. 71), tj. tworzą moment obrotowy o względnie stałej osi. Doświadczenie pokazuje, że w tym odcinku pola moment sił zależy od położenia ramy, jej wielkości (powierzchni) i wartości prądu w niej płynącego, ale nie zależy od kształtu ramy. Maksymalny moment sił działających na ramę z prądem jest M_{max} proporcjonalny do powierzchni ramy S i prądu I w niej: ~ M_{max} IS lub $M_{max} = BIS$, gdzie B jest współczynnikiem proporcjonalności, który jest modułem indukcyjnym pola magnetycznego. Wtedy $B = M_{max} / IS$. . . Stosunek ten nie zależy od właściwości ramy i charakteryzuje pole magnetyczne w danym punkcie przestrzeni. Jednostka indukcji pola magnetycznego w międzynarodowym układzie jednostek: $[B] = \frac{H}{A \cdot м} = T(Тесла)$.

Wektor w $\vec{B}$ pełni opisuje pole magnetyczne. W każdym punkcie pola można znaleźć jego wielkość i kierunek.

Ponieważ pole magnetyczne jest polem energetycznym, wygodnie jest przedstawić je graficznie za pomocą linii energetycznych, lub linii indukcji magnetycznej. Styczne do linii energetycznych w każdym punkcie muszą zbiegać się w kierunku wektora $\vec{B}$.

Rys.73. Do koncepcji linii energetycznej z polem magnetycznym oraz wektory indukcyjne pól magnetycznych $\vec{B}$

Konfiguracja linii energetycznych w każdym przypadku może być ustawiona np. za pomocą strzałki magnetycznej w punkcie. Linie energetyczne pola magnetycznego wytwarzane przez prąd w przewodniku prostoliniowym są koncentrycznymi okręgami prostopadłymi do przewodu. Kierunek przewodów zasilaj cych jest ustalany przez regułę wiercenia (Rys. 74). Linie energetyczne są zawsze zamknięte. Zamknięcie linii energetycznych świadczy o tym, że pole magnetyczne nie ma żadnych źródeł, a więc nie ma w naturze ładunków magnetycznych, takich jak elektryczne.

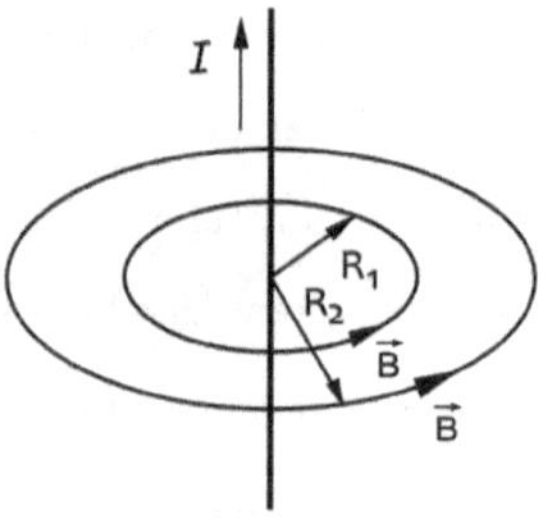

Rys.74. Reguła wiercenia do wyznaczania kierunku linii energetycznych pola magnetycznego prosty przewodnik z prądem

1.2 Wpływ pola magnetycznego na przewodnik z prądem w próżni. Prawo Ampere

Wiadomo, że przewodniki z prądem tworzą wokół nich pole magnetyczne. Z kolei pole magnetyczne musi działać na przewodniki z prądem. Zostało to eksperymentalnie ustalone przez Ampera (Rys.75).

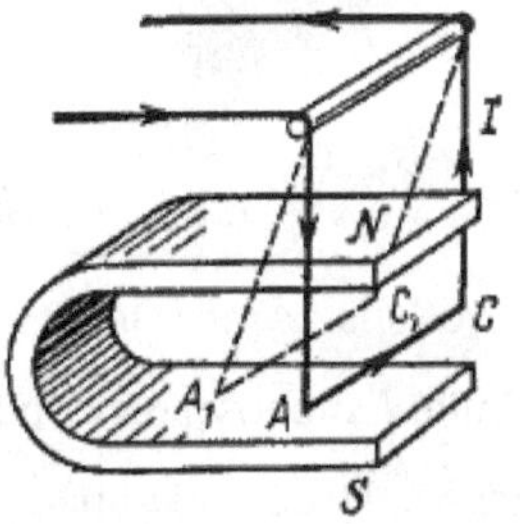

Rys.75. Doświadczenie Ampera

Aluminiowy pręt głośnika został umieszczony pomiędzy biegunami N i S magnesu stałego podłączonego do źródła prądu stałego. Gdy obwód został zamknięty, drążek głośnika zaczął się przesuwać w zależności od kierunku prądu w lewo lub w prawo w szczelinie magnesu stałego. W tym przypadku kierunek prądu w przewodniku, kierunek pola magnetycznego oraz kierunek ruchu przewodnika podlegają zasadzie lewej ręki, zgodnie z którą w dłoni lewej ręki "wchodzi pole magnetyczne" (skierowany jest wektor indukcji pola magnetycznego), cztery palce skierowane są w kierunku prądu w przewodniku, zaś zgięty na kciuku lewej ręki kierunek ruchu przewodnika pod wpływem pola magnetycznego (siła amperowa) - Rys.76.

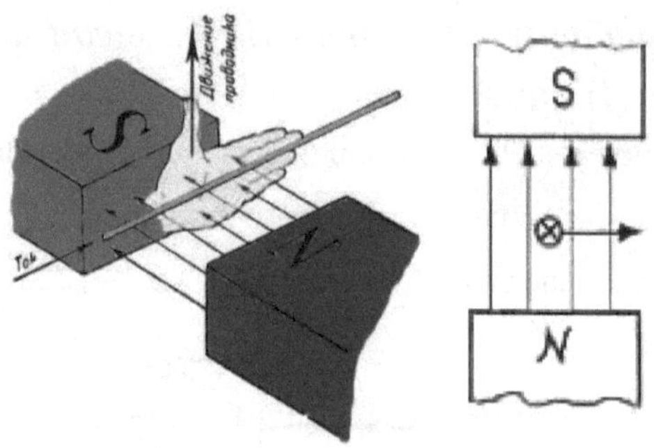

Rys.76. Zasada lewej ręki

Amperomierz ustalił, że siła Amperomierza *F jest* proporcjonalna do natężenia prądu w przewodniku *I*, długości przewodnika I i wartości indukcji pola magnetycznego *V*. Ponadto, wielkość i kierunek siły Amperomierza zależy od orientacji przewodnika w przestrzeni. Jeśli przewodnik jest zorientowany arbitralnie, Ampere musi być uzależniony od kąta α pomiędzy przewodnikiem a wektorem indukcji pola magnetycznego. Definicja tej zależności pokazała, że ta zależność charakteryzuje się $\sin\alpha$. Tak więc,

$$F \sim IBl\sin\alpha \text{ lub}$$
$$F = kIBl\sin\alpha$$

gdzie *k* jest czynnikiem proporcjonalności. Zależy to od wyboru jednostek miary.

Wzór ten można uogólnić do przypadku przewodnika o dowolnym kształcie, tzn. można go również zapisać w formie różnicowej.

$$dF = kIBdl\sin\alpha$$

Jeżeli wszystkie jednostki miary są pobierane w układzie międzynarodowym, to $k=1$. Wtedy. . .

$$dF = IBdl\sin\alpha$$

gdzie element d- długości przewodu. Ta formuła reprezentuje prawo Ampere w formie skalarnej.

Prawo Ampera w postaci skalarnej pozwala na określenie wartości liczbowej indukcji pola magnetycznego, ale nie pozwala na określenie kierunku działania siły Ampera. Bardziej kompletna jest Ustawa Ampere w formie wektorowej, która wykorzystuje zasadę pracy wektorowej wektorów z wyższego kursu matematyki $\left(\left[\vec{a},\vec{b}\right]=ab\sin\alpha\right)$.

W naszym przypadku.

$$d\vec{F}=\left[Id\vec{l},\vec{B}\right]$$

Wektor $d\vec{F}$ jest prostopadły do płaszczyzny utworzonej przez te wektory $d\vec{l}$.

$\vec{B}$

To mówi, że siły oddziaływania magnetycznego nie są centralne, jak siły Coulomba w interakcji elektrostatycznej.

Pytania kontrolne

1. Co to jest prawo o amperach?
2. Jaka jest moc charakterystyczna dla pola magnetycznego?
3. Jakie są zasady działania wiertła i lewej ręki?
4. Co to za linie sił pola magnetycznego? Narysuj linie energetyczne wektora indukcyjnego pola magnetycznego i kierunki dla najprostszych pól magnetycznych.

2. Prawo Bio-Savara Laplace'a

W 1820 roku francuscy fizycy J. Bio i F. Savar przeprowadzili badania pól magnetycznych prądów o różnych kształtach. A francuski matematyk P. Laplace podsumował te badania. Przeanalizował on dane doświadczalne i doszedł do wniosku, że pole magnetyczne dowolnego prądu może być obliczane jako suma wektorowa (superpozycja) pól tworzonych przez poszczególne elementarne odcinki prądu:

$$\vec{B}=\sum_i \vec{B}_i$$

Bieżący element o długości *dl*(Rys.76) wytwarza pole o indukcji magnetycznej:

$$dB=k\frac{Idl}{r^2}$$

lub w formie wektorowej:

$$d\vec{B}=k\frac{I\left[\overrightarrow{dl},\vec{r}\right]}{r^3}$$

To jest *prawo Bio-Savara Laplace'a*, uzyskane eksperymentalnie.

Tutaj *I-moce* prądu; $d\vec{l}$ - wektor, pokrywający się z elementarnym przekrojem prądu i skierowany w kierunku, w którym płynie prąd; - $\vec{r}$ promień-współczynnik, przenoszony z elementu prądu do punktu, w którym definiujemy $d\vec{B}$; r - moduł promienia-współczynnika; k - współczynnik proporcjonalności, zależny od układu jednostek.

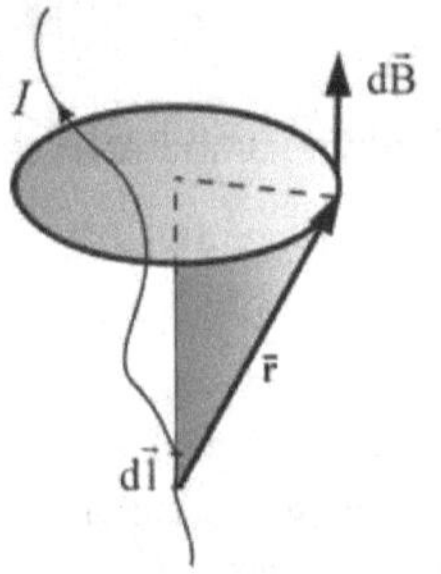

Rys.77. Zgodnie z prawem Bio-Savara Laplace'a...

Jak widać na rysunku, $d\vec{B}$ wektor indukcji magnetycznej jest prostopadły do płaszczyzny przechodzącej $d\vec{l}$ i punktu, w którym pole jest obliczane.

Kierunek ten jest powiązany $d\vec{B}$ z $d\vec{l}$ "regułą wiercenia": kierunek obrotu łba śruby daje kierunek $d\vec{B}$, progresywny ruch śruby odpowiada kierunkowi prądu w elemencie.

Tak więc, prawo Bio-Savara Laplace'a ustala wielkość i kierunek wektora $d\vec{B}$ w dowolnym punkcie pola magnetycznego wytworzonego przez przewodnik $d\vec{l}$ z prądem I.

Moduł wektorowy dB jest określany na podstawie współczynnika:

$$dB = k\frac{Idl\sin\alpha}{r^2}$$

gdzie α to kąt między $d\vec{l}$ i $d\vec{r}$; *k to* współczynnik proporcjonalności zależny od układu jednostek.

W międzynarodowym układzie jednostek SI, prawo Bio-Savara-Laplace dla podciśnienia może być rejestrowane w formie różnicowej:

$$dB = \frac{\mu\mu_0}{4\pi}\frac{Idl\sin\alpha}{r^2}$$

w integralnej formie:

$$dB = \int\frac{\mu\mu_0}{4\pi}\frac{Idl\sin\alpha}{r^2}$$

gdzie μ oznacza magnetyczną przepuszczalność nośnika, μ0 = $^{4\pi.\ 10\text{-}7}$ Gn/m - stała magnetyczna.

Oprócz indukcji, pole magnetyczne *H* wprowadza się w celu opisania pola magnetycznego poprzez indukcję stosunku $H = \frac{B}{\mu\mu_0}$. Intensywność jest również wektorową cechą pola magnetycznego i ma ten sam kierunek jak indukcja. Jednostka miary natężenia pola magnetycznego [A/m].

Dla siły pola magnetycznego, prawo Bio-Savara-Laplace jest:

$$dH = \frac{Idl\sin\alpha}{4\pi r^2}$$

w integralnej formie:

$$dH = \int\frac{Idl\sin\alpha}{4\pi r^2}$$

2.1 Zastosowanie prawa Bio-Savara-Laplace do obliczania pola magnetycznego

2.1.1 Pole magnetyczne przewodnika prostego z prądem

a) Przewód o skończonych wymiarach

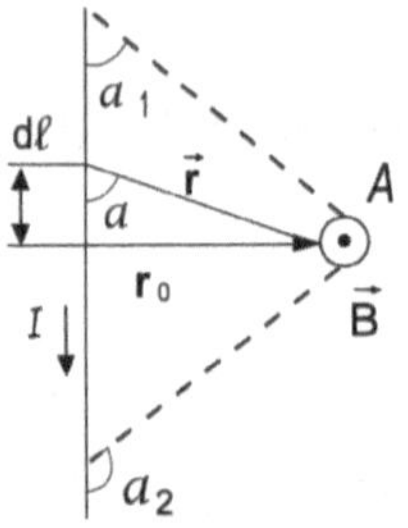

Rys.78. Do obliczania pola magnetycznego przewodnika prostoliniowego z prądem

Rozważmy pole magnetyczne prostoliniowego przewodnika skończonego z prądem (Rys.78). Załóżmy, że konieczne jest znalezienie wartości pola magnetycznego (indukcji lub natężenia) w punkcie A. Zgodnie z zasadą wiercenia wektory indukcji lub natężenia pola magnetycznego z rysunku 78 w punkcie A są skierowane na nas. Znajdźmy wartości tych wartości. W tym celu wykorzystamy integralną formę prawa Bio-Savara-Laplace:

$$dB = \int \frac{\mu\mu_0}{4\pi} \frac{Idl \sin\alpha}{r^2}$$

Integrala ta zawiera trzy zmienne (długość żyły, kąt i odległość od elementu długości żyły do punktu A). Aby go rozwiązać, należy przekształcić trzy zmienne na jedną, np. kąt α. Dla tych przekształceń obniżamy prostopadle r_0 od punktu A do przewodnika. Otrzymujemy trójkąt prostokątny.

Cóż, w takim razie $l = r_0 ctg\alpha$ $r = r_0 / \sin\alpha$. $dl = -r_0 d\alpha / \sin^2\alpha$..

Poprzez zastąpienie tych wyrażeń w formule prawa Bio-Savara-Laplace, otrzymujemy..:

$$B = \int \frac{\mu\mu_0}{4\pi} \frac{Idl \sin\alpha}{r^2} = -\frac{\mu\mu_0}{4\pi r_0} I$$

$$\int_{\alpha_1}^{\alpha_2} \sin \alpha d\alpha = \frac{\mu\mu_0}{4\pi r_0} I(\cos\alpha_1 - \cos\alpha_2)$$

Zastępując wartość *r0* uniwersalnym oznaczeniem najmniejszej odległości od punktu obserwacyjnego do przewodnika prądem *R*, otrzymujemy:

$$B = \frac{\mu\mu_0}{4\pi R} I(\cos\alpha_1 - \cos\alpha_2)$$

$$H = \frac{I}{4\pi R}(\cos\alpha_1 - \cos\alpha_2)$$

b) przewodnik jest nieskończenie długi

Z rys. 78 widać, że w tym przypadku $\alpha_1 \to 0^0, \alpha_2 \to 180^0$. Wtedy...

$$B = \frac{\mu\mu_0}{4\pi R} I(\cos 0^0 - \cos 180^0) = \frac{\mu\mu_0}{4\pi R} I$$

$$H = \frac{I}{4\pi R}(\cos 0^0 - \cos 180^0) = \frac{I}{4\pi R}$$

Formuły te są ważne, gdy przewodnik prosty << 1. *R*

2.1.2 Pole magnetyczne w środku prądu kołowego

Weźmy pod uwagę indukcję i natężenie pola magnetycznego środka prądu kołowego o promieniu R. Kierunek wektora indukcji pola magnetycznego (jak również natężenie pola magnetycznego) podlega zasadzie wiercenia. W wybranym kierunku prądu jest on skierowany od nas w głąb rysunku (rys. 79), który przedstawia krzyż w kole.

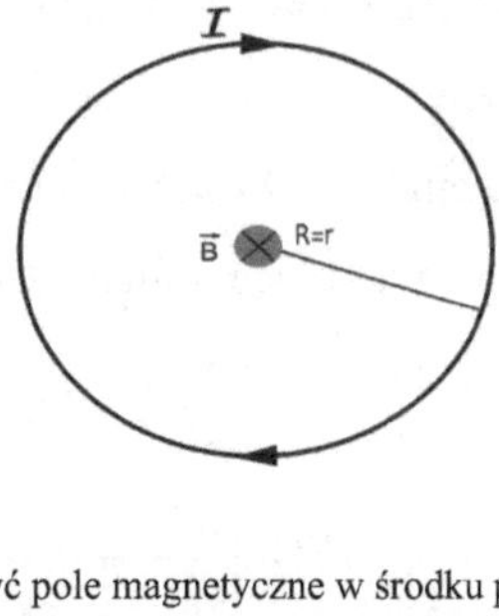

Rys.79. Aby obliczyć pole magnetyczne w środku prądu kołowego

Zgodnie z prawem Bio-Savar Laplace.

$$dB = \int \frac{\mu\mu_0}{4\pi} \frac{Idl \sin\alpha}{r^2}.$$

W tym przypadku $r = R =$ konst, $\alpha = {}^{900}$. Sin900 = 1. Wtedy. . .

$$dB = \int \frac{\mu\mu_0}{4\pi} \frac{Idl \sin\alpha}{r^2} = \frac{\mu\mu_0}{4\pi R^2} I \int_0^{2\pi R} dl = \frac{\mu\mu_0 I}{2R}$$

$$H = \frac{I}{2R}$$

2.1.3 Pole magnetyczne na okrągłej osi prądu

Określmy indukcję i natężenie pola magnetycznego wytwarzanego przez okrągłą pętlę prądową w dowolnym punkcie na jej osi. Uważamy, że okrągły prąd jest prostopadły do płaszczyzny rysunku (Rys.80).

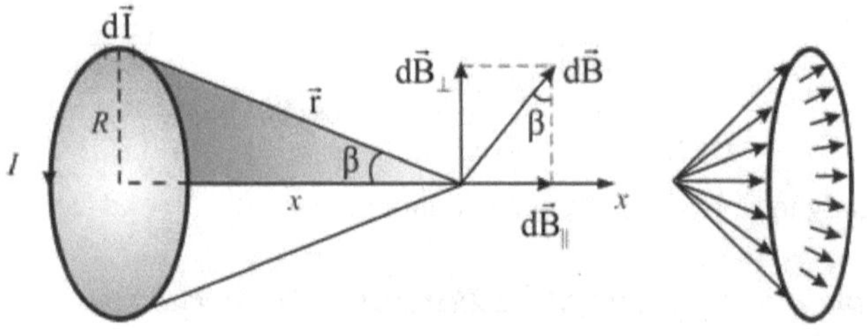

Rys.80. Pole magnetyczne na okrągłej osi prądu

Wektory $d\vec{B}$ indukcji pola magnetycznego tworzone przez różne sekcje prądu kołowego $d\vec{l}$ w wybranym punkcie na swojej osi nie pokrywają się w kierunku. Są one prostopadłe do wektorów $d\vec{l}$ i $\vec{r}$ jakby tworzyły wentylator wzdłuż stożków formujących z wierzchołkiem w wybranym punkcie obserwacji w kierunku osi poziomej *x*. Kierunek osi podlega zasadzie barana. Numerycznie wszystkie wartości *dB* dla elementów *dl są równe pod względem* długości i prądu. Korzystając z prawa Bio-Savar-Laplace, możliwe jest nagrywanie:

$$dB = \int \frac{\mu\mu_0}{4\pi} \frac{Idl \sin\alpha}{r^2} \text{ gdzie } \sin\alpha = 1.$$

$$dB = \frac{\mu\mu_0}{4\pi} \frac{Idl}{r^2}$$

Rozłożyć wektor $d\vec{B}$ na elementy pionowe i poziome. Oczywistym jest, że przy geometrycznym dodaniu przeciwstawnie skierowanych pionowych składowych wektorów $d\vec{B}$ są one wzajemnie niszczone i pełna indukcja pola magnetycznego w wybranym punkcie obserwacji na osi prądu kołowego będzie równa sumie algebraicznej wszystkich poziomych składowych $d\vec{B}$, tj. całki od d $B_{\parallel}$ na wszystkich konturach prądu kołowego:

$$B = \int dB_{II}$$

$$\text{Izris.80}\, dB_{II} = dB \sin\beta, \sin\beta = R/r$$

$$\text{Wtedy...}\, B = \int_0^{2\pi R} \frac{R}{r} \frac{\mu\mu_0}{4\pi r^2} Idl = \frac{\mu\mu_0}{4\pi} IR \int_0^{2\pi R} \frac{dl}{r^3}$$

$$r = \sqrt{R^2 + x^2} = \left(R^2 + x^2\right)^{1/2}$$

Wtedy...

$$B = \frac{\mu\mu_0}{4\pi} IR \int_0^{2\pi R} \frac{dl}{r^3} \frac{IR}{\left(R^2 + x^2\right)^{3/2}} \int_0^{2\pi R} dl = \frac{\mu\mu_0}{4\pi} \frac{IR}{\left(R^2 + x^2\right)^{3/2}} 2\pi R = \frac{\mu\mu_0 IR^2}{2\left(R^2 + x^2\right)^{3/2}}$$

$$\text{Ergo:}\, B = \frac{\mu\mu_0 IR^2}{2\left(R^2 + x^2\right)^{3/2}}, H = \frac{IR^2}{2\left(R^2 + x^2\right)^{3/2}}$$

Przy $x=0$ $B = \dfrac{\mu\mu_0 IR^2}{2x^3}$, tj. dla środka prądu kołowego, uzyskuje się wzory podane w rozdziale *2.1.2.* Jeżeli punkt leży daleko od środka prądu kołowego, tj. $x \gg R$, $H = \dfrac{IR^2}{2x^3}$.

Pytania kontrolne

1. Jakie jest prawo Bio-Savara Laplace?
2. Jaka jest zależność między indukcją a natężeniem pola magnetycznego?
3. Jakich wzorów używa się do obliczania pól magnetycznych generowanych przez przewodniki o różnych konfiguracjach prądowych?

3. Siła oddziaływania dwóch równoległych, nieskończenie długich dyrygenci z prądem

Weźmy pod uwagę dwa prostoliniowe, nieskończenie długie przewody znajdujące się w odległości *R* od siebie. Załóżmy, że prądy *I1* i *I2* idą w jednym kierunku, np. na nas prostopadle do płaszczyzny rysunku (Rys. 81).

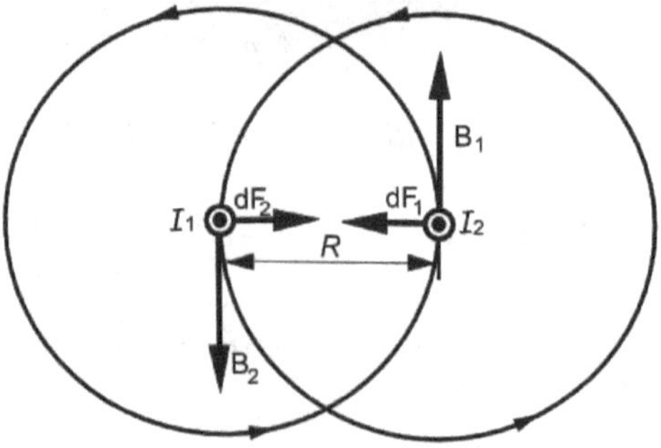

Rys.81. W kierunku określenia siły i kierunku interakcji dwa przewody z prądem

Stosując zasady wiertła i lewej ręki, można ustalić, że te przewody z prądem zostaną przyciągnięte do siebie z siłami równymi w prawie Ampere:

$dF_1 = I_1 B_2 dl \sin\alpha$ $dF_2 = I_2 B_1 dl \sin\alpha$ gdzie sinα=1, ponieważ kąt α to kąt między wektorami $d\vec{l}$ i jest równy $\vec{B}^{900}$. Jeśli przewody są proste i nieskończenie długie, to zgodnie z prawem Bio-Savara-Laplace $B_1 = \frac{\mu\mu_0}{2\pi R} I_1$ i $B_2 = \frac{\mu\mu_0}{2\pi R} I_2$.

Wtedy $dF = dF_1 = dF_2 = \frac{\mu\mu_0}{2\pi R} I_1 I_2 dl$ $F = \int \frac{\mu\mu_0}{2\pi R} I_1 I_2 dl = \frac{\mu\mu_0}{2\pi R} I_1 I_2 l$ ...

To znaczy $\frac{F}{l} = \frac{\mu\mu_0}{2\pi R} I_1 I_2$...

W przeciwnym kierunku prądów, przewody te będą odpychać z taką samą siłą.

Na podstawie interakcji dwóch równoległych prądów wprowadza się definicję jednostki natężenia prądu w międzynarodowym układzie jednostek - ampere. Niech dwa równoległe, bardzo długie, cienkie przewody o jednostkowych prądach znajdą się w próżni w odległości 1 m od siebie (μ=1). Następnie, dwa przeciwległe odcinki tych żył o długości l=1m każdy, będą oddziaływać na siebie z siłą $F = \frac{4\pi 10^{-7}}{2\pi} = 2 \cdot 10^{-7}$ H.

W konsekwencji, amperomierz jest siłą prądu, która przepływa przez dwa cienkie, równoległe przewody o nieskończonej długości, umieszczone w odległości 1 m od siebie w próżni, powoduje, że pomiędzy tymi przewodami powstaje siła równa $2^{,10\text{-}7H}$ na każdym metrze długości epauletu.

Pytania kontrolne

1. Pokaż na rysunku, jak dwa długie, równoległe przewody oddziałują na siebie w różnych kierunkach prądu.
2. Dajcie mi jednostkę prądu.

4. Prawo pełnego prądu (cyrkulacja wektorowa natężenia pola magnetycznego). Wirująca natura pola magnetycznego

Wstępnie wprowadźmy pojęcie cyrkulacji z kursu matematyki wyższej.

Obieg wzdłuż danego konturu *L* nazywany jest integracją rodzaju

$\oint_L (\vec{a}, \vec{b}) = \oint_L ab\cos\alpha$ gdzie α to kąt między wektorami $\vec{a}$ i $\vec{b}$.

Z kursu elektrostatycznego wiemy, że $\oint_L (\vec{E}, \vec{dl}) = \oint_L Edl\cos\alpha = 0$... Oznacza to, że obieg wektora natężenia pola elektrycznego $\vec{E}$ wzdłuż dowolnego obwodu zamkniętego *L jest równy* zeru, co wskazuje na potencjalną naturę pola elektrycznego. Dla takich pól praca nad ruchem ciała (ładunek w przypadku pola elektrycznego) nie zależy od formy trajektorii i jest określona jedynie przez współrzędne początkowych i końcowych punktów ruchu.

Ustalić, czy będzie to potencjalne pole magnetyczne. Aby to zrobić, musimy rozważyć cyrkulację wektora natężenia pola magnetycznego wzdłuż $\vec{H}$ dowolnego obwodu zamkniętego.

Snapravitel'nosti dla evidentnosti rozważmy pole magnetyczne nieskończonego przewodnika prostoliniowego o natężeniu prądu *I*(Rys.82).

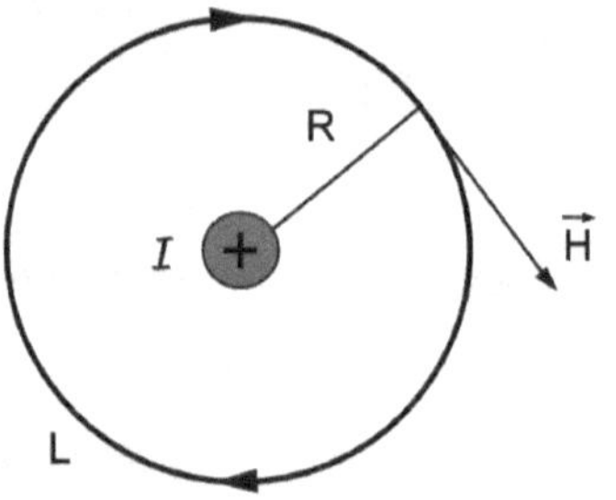

Rys.82. Do koncepcji obiegu wektorowego natężenie pola magnetycznego

Linie siłowe pola magnetycznego przewodnika prostoliniowego z prądem reprezentują okręgi, których płaszczyzny są prostopadłe do przewodnika, a ich środki leżą na osi przewodnika. Zastanówmy się nad cyrkulacją wektora $\vec{H}$ pola magnetycznego wzdłuż linii sił *L* okręgu o promieniu *R*.

$$\oint_L \left(\vec{H}, \vec{dl}\right) = \oint_L H dl \cos\alpha .$$

Na podstawie ustawy Bio-Savara-Laplasa dla nieskończonego przewodnika prostoliniowego z prądem $H = \dfrac{I}{2\pi R}$. cosα = 1, ponieważ kąt α pomiędzy wektorem $\vec{H}$ a elementem długości konturu jest równy $\vec{dl}^{00}$. Wtedy...

$$\oint_L H dl \cos\alpha = \int_0^{2\pi R} \frac{I}{2\pi R} dl = I .$$

Więc...

$$\oint_L \left(\vec{H}, \vec{dl}\right) = I .$$

W praktyce pola magnetyczne są zwykle wytwarzane przez wiele przewodników. Dlatego też, generalizując powyższą formułę dla dowolnej liczby prądów objętych arbitralną pętlą zamkniętą, można napisać tę formułę w sposób ogólny:

$$\oint_L \left(\vec{H}, \overrightarrow{dl}\right) = \sum_{i=1}^{N} I_i ,$$

gdzie N *to* liczba prądów w arbitralnie zamkniętej pętli o długości L. Formuła ta reprezentuje prawo prądu całkowitego.

Stąd możemy to wywnioskować:

a) Pole magnetyczne jest bezpotencjałowe. Pola te nazywane są polami wirowymi. W związku z tym, pole magnetyczne ma charakter wirowy;

b) Obieg wektora natężenia pola magnetycznego prądu stałego wzdłuż arbitralnie zamkniętej pętli jest równy sumie algebraicznej prądów objętych tą pętlą.

Prawo pełnego prądu jest tak samo ważne dla obliczania pól magnetycznych prądu stałego jak twierdzenie Gaussa dotyczące obliczania pól elektrycznych. Oznacza to, że ułatwia on obliczanie natężenia pola magnetycznego w obecności prądów symetrycznych.

4.1 Pole magnetyczne toroida i cewki elektromagnetycznej

Obliczmy pole magnetyczne toroida i cewki elektromagnetycznej za pomocą prawa pełnego prądu.

Toroid jest kołowrotkiem pierścieniowym, który jest nawinięty na rdzeń w kształcie torusa. Cewka to cylindryczna cewka liniowa. Więc toroid jest rodzajem pierścieniowatej cewki. Dlatego przy tych samych rozmiarach i jednakowych innych parametrach wartość pola magnetycznego dla tych ciał będzie identyczna. Rozważmy jako przykładowe obliczenie pola magnetycznego toroida (rys.83).

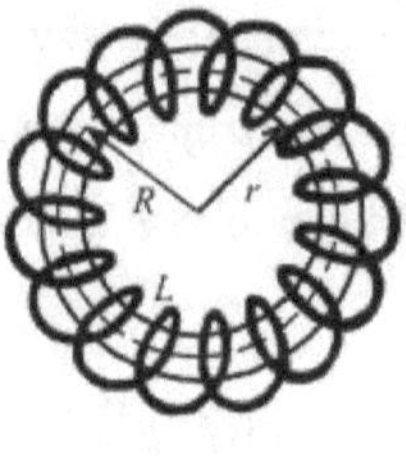

Rys.83. Aby obliczyć pole magnetyczne toroida

Najpierw rozważmy strefy wewnątrz i na zewnątrz toroida.

a) Wewnątrz toroida. W tej okolicy nie ma żadnych prądów. I tak w prawie pełnego prądu $\oint_L (\vec{H}, \overrightarrow{dl}) = \sum_{i=1}^{N} I_i = 0$. Wtedy $\oint_L (\vec{H}, \overrightarrow{dl}) = 0$, i jeśli w tej strefie skonstruuje się jakiś zamknięty obwód, jego dowolny element długości nie będzie równy zeru. Więc, zero równa się H. To znaczy, że wewnątrz toroida nie ma pola magnetycznego.

b) Z toroida. Jeśli zbudujesz zamknięty obwód wokół toroida, wszystkie prądy toroida wejdą do niego. Ale jeśli weźmiemy pod uwagę przekrój rdzenia toroida, to połowa prądów będzie skierowana jakby do nas, a połowa - w przeciwnym kierunku. W konsekwencji algebraiczna suma prądów wewnątrz obwodu wynosi zero. Więc, *H=0*. I nie ma żadnego pola magnetycznego poza toroidem.

Z tego możemy wywnioskować, że pole magnetyczne jest obecne wewnątrz rdzenia toroidalnego o promieniu *R*. Każdy obwód zamknięty przeprowadzony w tej strefie toroida będzie obejmował tylko cewki z prądem o jednym kierunku, którego liczba wynosi *N*. Wtedy, zgodnie z prawem pełnego prądu...

$$\oint_L (\vec{H}, \overrightarrow{dl}) = \sum_{i=1}^{N} I_i = NI.$$

Z drugiej strony, $\oint_L (\vec{H}, \overrightarrow{dl}) = \oint_L Hdl\cos\alpha = \oint_L Hdl = H\oint_L dl = 2\pi rH$ gdzie *r jest* promieniem zbudowanego konturu w strefie rdzenia toroidalnego. Wtedy $2\pi rH = NI$... Albo, uh $H = \dfrac{NI}{2\pi r}$... Tutaj stosunek ten $\dfrac{N}{2\pi r} = n$ jest stężeniem liczby zwojów (liczba zwojów na jednostkę długości konturu).

Wtedy natężenie pola magnetycznego toroidu jest równe

$$H = In$$

Pole magnetyczne jest całkowicie zlokalizowane w rdzeniu toroidalnym. Wtedy indukcja pola magnetycznego toroida jest równa

$$B = \mu\mu_0 In,$$

gdzie μ przepuszczalność magnetyczna medium μ_0 jest stałą magnetyczną.

Cewka elektromagnetyczna będzie miała podobne wzory.

Pytania kontrolne

1. Jakie prawo jest wyrazem wirowej natury pola magnetycznego?
2. Co to za ciała toroidalne i cewkowate? Jaka jest wielkość pola magnetycznego w tych urządzeniach?

5. Pole magnetyczne ruchomego ładunku. Siła Lorenza.

Każdy przewodnik z prądem tworzy pole magnetyczne w otaczającej go przestrzeni. Ale prąd elektryczny w każdym przewodniku jest ruchem naładowanych cząstek: w metalach jest to uporządkowany ruch elektronów. W konsekwencji, *każdy ruchomy ładunek tworzy wokół siebie pole magnetyczne.*

Dolina Naidem tego pola na przykładzie ruchu elektronów w przewodnikach metalowych.

Rozważcie mały kawałek drutu. Tworzy on w pewnym momencie, na odległość *r, zgodnie z* prawem Bio-Savara-Laplace indukcję pola magnetycznego.

$$dB = \frac{\mu\mu_0}{4\pi}\frac{Idl\sin\alpha}{r^2},$$

gdzie kąt α to kąt między wektorami i $\overrightarrow{dl}\ \vec{r}$. Albo w formie wektorowej:

$$\overrightarrow{dB} = \frac{\mu\mu_0}{4\pi}\frac{\left[I\overrightarrow{dl},\vec{r}\right]}{r^3}$$

Siła prądu *I* może być wyrażona przez gęstość prądu *j za pomocą* wzoru

$$I = jS,$$

gdzie S jest polem przekroju poprzecznego przewodu.

Z klasycznej teorii przewodnictwa elektrycznego metali wynika, że $j = ne\bar{v}$ gdzie n - stężenie elektronów w przewodniku, e - $\bar{v}$ ładunek elektronu - średnia prędkość uporządkowanego ruchu elektronów w przewodniku.

Dobrze więc $I = ne\bar{v}S$. Albo $Idl = ne\bar{v}Sdl$... Wyrażenie $nSdl = dN$ to jest liczbą elektronów w danej objętości przewodzącej. Stąd, $I\overrightarrow{dl} = e\bar{v}dN$. zastępując to wyrażenie w formule prawa Bio-Savara-Laplace, zapisanego w formie wektorowej, otrzymujemy:

$$\overrightarrow{dB} = \frac{\mu\mu_0}{4\pi}\frac{[e\vec{v}dN,\vec{r}]}{r^3} = \frac{\mu\mu_0 edN}{4\pi}\frac{[\vec{v},\vec{r}]}{r^3}.$$

Wszystkie dN elektrony poruszają się w tym samym kierunku i z tą samą prędkością. Dlatego też, indukcja pola magnetycznego wytworzonego przez jeden elektron

$$\overrightarrow{B_e} = \frac{\overrightarrow{dB}}{dN} = \frac{\mu\mu_0 e}{4\pi}\frac{[\vec{v},\vec{r}]}{r^3}.$$

Za opłatą losową" można zapisać

$$\overrightarrow{B_q} = \frac{\overrightarrow{dB}}{dN} = \frac{\mu\mu_0 q}{4\pi}\frac{[\vec{v},\vec{r}]}{r^3}.$$

Wiadomo, że na przewodniku z prądem w polu magnetycznym działa siła amperowa równa $\overrightarrow{dF} = \left[I\overrightarrow{dl},\vec{B}\right]$.

Ale wtedy jakaś siła musi zadziałać na każdy pojedynczy ruchomy ładunek, który jest w przewodniku. Te siły nazywano siłami Lorenza. Znajdziemy jego znaczenie.

Wcześniej ustalono, że $I\overrightarrow{dl} = e\vec{v}dN$... Zastępując ładunek elektronu dowolnym ładunkiem q, otrzymujemy $.I\overrightarrow{dl} = q\vec{v}dN$ Then $\overrightarrow{dF} = \left[q\vec{v}dN,\vec{B}\right] = qdN\left[\vec{v},\vec{B}\right]$. Wartość tę dzielimy przez liczbę ładunków w przewodniku dN. Wtedy wartość siły Lorentza jest równa:

$$\vec{F}_Л = \frac{\overrightarrow{dF}}{dN} = q\left[\vec{v}, \vec{B}\right]$$ - wektorowo i

$$F_Л = qvB\sin\alpha$$ - w formie skalarnej,

gdzie kąt α to kąt między wektorami $\vec{v}$ i $\vec{B}$.

Aby znaleźć kierunek działania siły Lorentza, należy zastosować regułę lewej ręki dla cząstek dodatnich i prawej ręki dla ujemnych (Rys. 83).

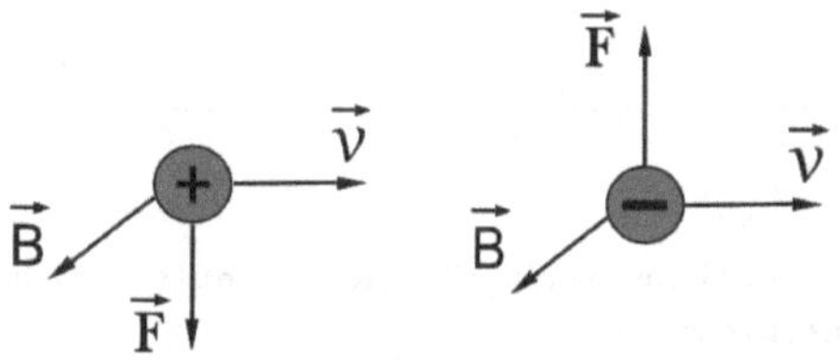

Rys.84. Kierunek działania siły Lorenza F w zależności od znaku ładunkowego

5.1 Ruch cząstek naładowanych w jednorodnym polu magnetycznym. Cyklotron.

Ruch cząstek naładowanych w polach magnetycznych znajduje się w sercu urządzeń mikroskopu elektronowego, spektrografu masowego, telewizyjnego kinetoskopu i akceleratorów cząstek naładowanych. Rozważmy wszystkie przypadki ruchu cząstek naładowanych w polu magnetycznym z indukcjąB, bez uwzględnienia działania pól elektrycznych.

a) Ruch cząsteczek wzdłuż linii zasilającej pola magnetycznego

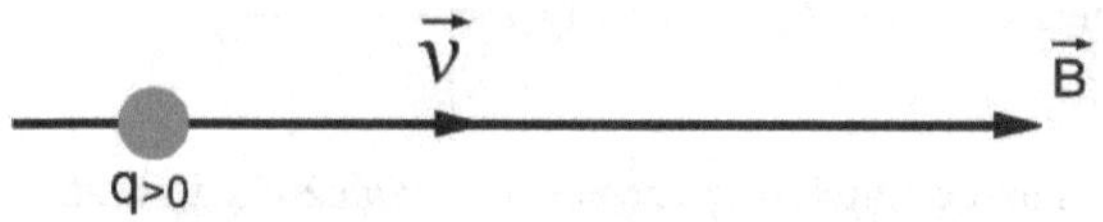

Rys.85. Aby określić siłę Lorentza w ruchu cząsteczek wzdłuż linii pola magnetycznego

Przy takim ruchu we wzorze siły Lorentza, kąt α $F_Л = qvB\sin\alpha$ pomiędzy wektorem prędkości cząstek $\vec{v}$ a wektorem indukcji pola magnetycznego $\vec{B}$

wynosi zero. Wtedy $F_{Л} = qvB\sin\alpha = 0$. . . To znaczy, że *pole magnetyczne nie ma wpływu na cząsteczkę. Będzie się poruszać bezwładnie - równomiernie i liniowo.*

b) Ruch cząsteczki prostopadłej do linii sił pola magnetycznego

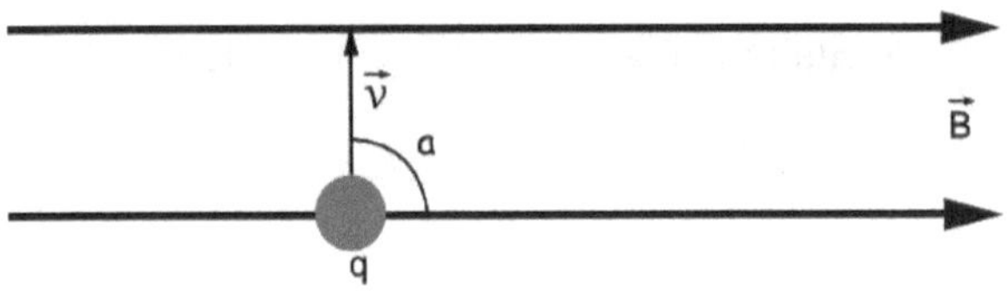

Rys.86. Aby określić siłę Lorentza w ruchu cząsteczek prostopadle do pola magnetycznego

W tym przypadku kąt α = 90^0, sinα = 1 i siła Lorentza $F_{Л} = qvB$.

W tym przypadku kierunek siły Lorentza będzie prostopadły do prędkości i wektorów indukcyjnych pola magnetycznego. Wtedy cząstka poruszy się w płaszczyźnie prostopadłej do wektora $\vec{B}$. A siła Lorentza to siła odśrodkowa.

$F_{ц} = \frac{mv^2}{R}$, $F_{Л} = qvB\ \frac{mv^2}{R} = qvB\ R = \frac{mv}{qB}$ gdzie *promień R jest* krzywizną trajektorii cząstki, *m-masy* cząstki.

W jednorodnym polu magnetycznym *B=const*, prędkość cząstki nie zmienia się i dlatego *cząstka naładowana będzie poruszać się równomiernie po okręgu, którego płaszczyzna jest prostopadła do pola magnetycznego.*

Okres obiegu cząsteczek jest równy $T = \frac{2\pi R}{v} = \frac{2\pi m}{qB}$.

Rys.87 pokazuje trajektorię cząsteczki w zależności od znaku jej ładunku w jednorodnym polu magnetycznym skierowanym prostopadle do wektora prędkości cząsteczki.

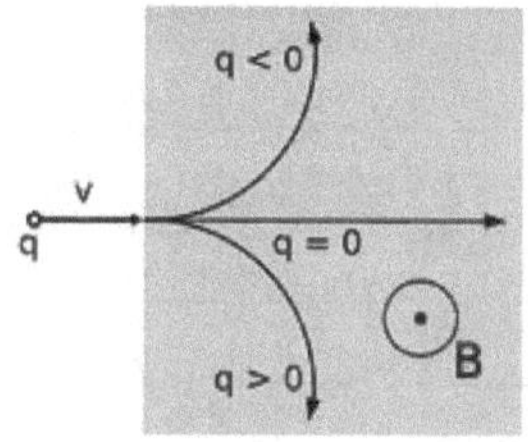

Rys.87. Trajektoria ruchu cząsteczki w zależności od znaku jej ładunku

c) Ruch cząsteczek pod dowolnym kątem w stosunku do linii energetycznych pole magnetyczne

Rozważmy najczęstszy przypadek. Pozwólmy naładowanej cząstce q polecieć pod dowolnym kątem α w jednorodne pole magnetyczne o indukcji *B* (Rys. 88).

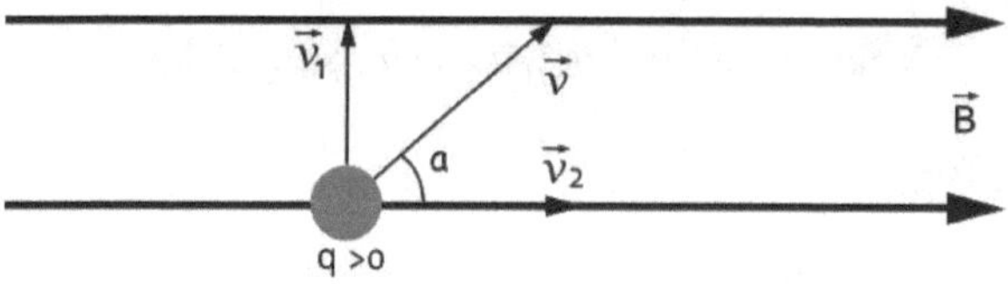

Rys.88. Rozkład wektora prędkości na składniki pionowe i poziome

Rozłożyć wektor prędkości cząsteczek na składniki pionowe i poziome: , $v_1 = v\sin\alpha$ $v_2 = v\sin\alpha$. Prędkość $\vec{v}_2$ w polu magnetycznym nie zmienia się, a cząstka ma tendencję do równomiernego i liniowego przemieszczania się pod wpływem tej prędkości. Ze względu na prędkość cząstka $\vec{v}_1$ powinna poruszać się po okręgu, którego płaszczyzna jest prostopadła do wektora, $\vec{B}$ a promień jest równy $R = \frac{mv_1}{qB} = \frac{mv\sin\alpha}{qB}$.cząstka będzie uczestniczyć w dwóch ruchach jednocześnie. Obraca się on równomiernie z prędkością v_1 na okręgu o powyższym promieniu i porusza się stopniowo ze stałą prędkością w v_2 kierunku prostopadłym do płaszczyzny obrotu. Stąd *trajektoria ruchu cząsteczek jest linią śrubową, której oś pokrywa się z linią indukcji pola magnetycznego* (Rys. 89).

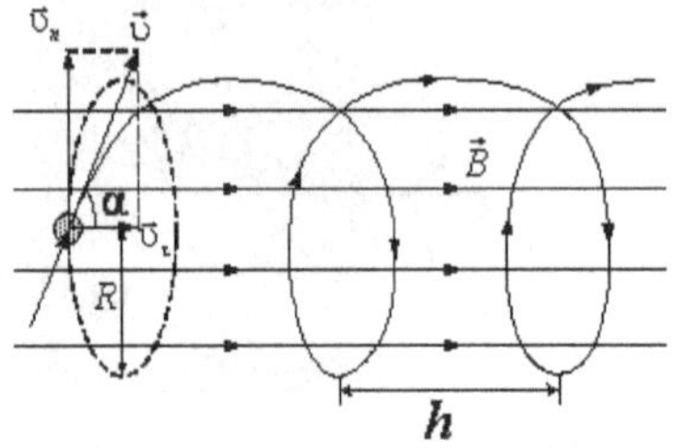

Rys.89. Trajektoria przemieszczania się naładowanej cząstki (q> 0), lecąc pod dowolnym kątem w pole magnetyczne

Wkręć krok linii $h = v_2 T$. Albo $h = \dfrac{2\pi m}{qB} v \cos\alpha$ ...

Za pomocą rozważanych regularności ruchu cząstek naładowanych w polu magnetycznym można eksperymentalnie określić specyficzny ładunek i wagę tych cząstek. Tak określono ładunek właściwy i masę elektronu: $\dfrac{e}{m} = 1{,}76^{,1011\text{Kl/kg}}$, $m = 9{,}1{\cdot}10\text{-}31\text{kg}$.

Cyklotron

Jednym z najważniejszych praktycznych zastosowań siły Lorenza jest wykorzystanie jej w pracy akceleratorów cząstek - cyklotronów. Cyklotrony są wykorzystywane do badania struktury jądra, sił jądrowych, w celu uzyskania nowych elementów transuranowych. W cyklotronie cząstki naładowane (elektrony, protony, jądra atomowe i jony) przekazują ogromną energię dzięki energii pola elektromagnetycznego.

Cyklotron składa się z dwóch metalowych półcylindrów zwanych duanami, oddzielonych wąską szczeliną. Duany są zamknięte w zamkniętej komorze, z której odprowadzane jest powietrze. Komora próżniowa umieszczona jest pomiędzy biegunami silnego elektromagnesu. Pole magnetyczne jest prostopadłe do płaszczyzny rysunku (Rys.90).

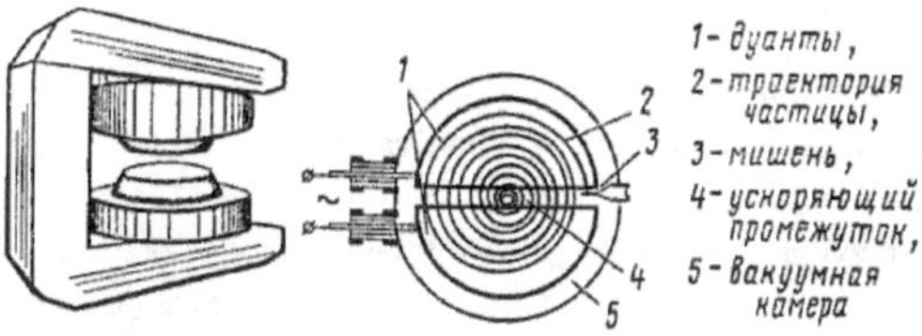

Rys.90. Cyklotron.

Duany są połączone z biegunami generatora elektrycznego za pomocą elektrod, tworząc zmienne pole elektryczne w przerwach między nimi. Naładowana cząstka pod wpływem działania pola elektrycznego zacznie poruszać się równomiernie w zależności od jej znaku w górę lub w dół w płaszczyźnie rysunkowej. Jak tylko naładowana cząstka dostanie się do duetu, przyspieszające pole elektryczne ustanie, ponieważ metalowe ściany duetu prawie całkowicie osłaniają jego wewnętrzną jamę przed polem elektrycznym w szczelinie. Wewnątrz duetu naładowana cząstka pod działaniem pola magnetycznego będzie opisywać półokrąg, którego promień określa wzór $R = \frac{mv}{qB}$. *Gdy* naładowana cząstka, poruszająca się w duancie, zbliży się do szczeliny pomiędzy duantą, kierunek pola elektrycznego zmieni się z powrotem na pierwotny i pole ponownie przyspieszy ruch cząstki. W wyniku wielokrotnego przyspieszania naładowanej cząstki przez pole elektryczne jej energia kinetyczna może stać się bardzo duża podczas uderzenia w cel i przekształcenia bombardowanego obiektu. Dla normalnego działania cyklotronu konieczne jest, aby okres oscylacji pola elektrycznego pokrywał się z okresem cyrkulacji naładowanej cząstki: $T = \frac{2\pi m}{qB}$.

Nowoczesne cyklotrony (synchrofazotrony) mogą dostarczać cząstki naładowane o energii do 70000 MeV (70 GeV). Promień takich jednostek sięga 230 m.

Pytania kontrolne

1. Proszę opisać pole magnetyczne poruszającego się ładunku.
2. Jak nazywacie moc Lorenza? Jak można znaleźć kierunek mocy Lorentza dla różnych ładunków?
3. Podajcie przykłady praktycznego wykorzystania mocy Lorenza.

6. Przepływ magnetyczny. Zjawisko indukcji elektromagnetycznej

6.1 Pojęcie strumienia magnetycznego

Strumień magnetyczny *Fm* jest to liczba linii energetycznych pola magnetycznego, które przenikają przez dowolnie zamkniętą powierzchnię umieszczoną w polu.

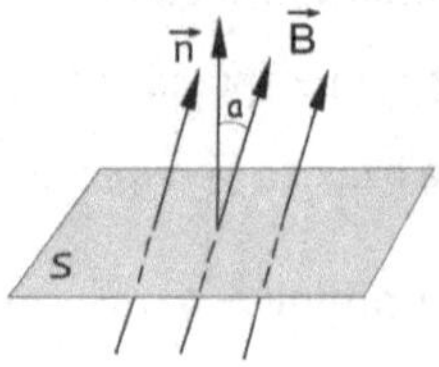

Rys.91. W kierunku definicji strumienia magnetycznego

Przy dowolnym rozmieszczeniu płaskiej powierzchni o powierzchni *S* w jednorodnym polu magnetycznym z indukcją *B* (Rys.91), wzór strumienia magnetycznego $Fm = BScos\alpha$ lub $Fm = BnS$, gdzie Bn jest rzutem wektora $\vec{B}$ na normalne *n*. Jeśli powierzchnia jest prostopadła do pola magnetycznego, $\cos\alpha = 1$ i $Fm = BS$.

Ogólnie rzecz biorąc, stosuje się różną postać wyznaczania strumienia magnetycznego $dFm = BndS$ lub $dFm = BdS$.

Jednostka miary strumienia magnetycznego w układzie międzynarodowym $[Fm] = [B][S] = T\cdot m2 = WB$ (Weber).

6.2 Prace przy przemieszczaniu się przewodnika z prądem w polu magnetycznym

Posługując się pojęciem strumienia magnetycznego określimy ilość pracy wykonywanej przy przemieszczaniu przewodnika z prądem w polu magnetycznym.

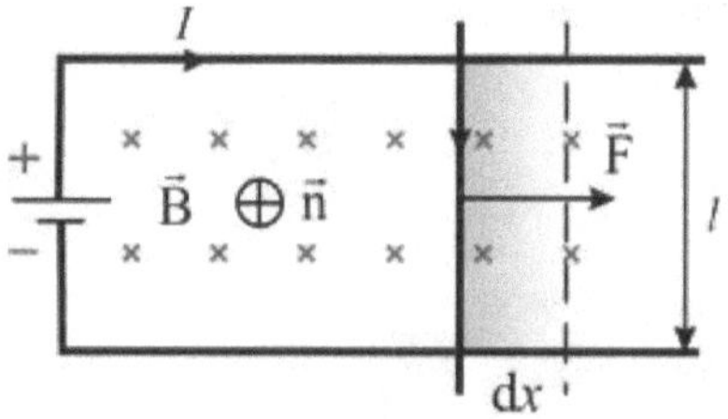

Rys.92. Aby zdefiniować pracę wykonywaną za pomocą siły Ampera. przy przemieszczaniu przewodnika z prądem w polu magnetycznym

Załóżmy, że przewodnik o długości l z prądem *Inahoditsya* w jednorodnym polu magnetycznym z indukcją $\vec{B}$, skierowanym prostopadle do przewodnika. Pod wpływem działania siły Ampere'a, przewodnik $\vec{F}$ z prądem przesunął się na odległość dx. Następnie praca nad ruchem przewodnika jest równa $dA = Fdx$, $F=IBl$, $dA=IBldx=IBdS=IdFm$, czyli $dA=IdFm$.

W związku z tym *praca wykonywana przy przemieszczaniu się przewodnika w polu magnetycznym jest równa iloczynowi przepływu prądu przez obszar opisany przez przewodnik z prądem podczas jego przemieszczania.*

6.3. Prawo Faradaya. Zasada Lentza.

Zjawisko indukcji elektromagnetycznej, odkryte przez angielskiego fizyka M. Faraday'a w 1831 roku, polega na tym, że w zamkniętym obwodzie przewodzącym, kiedy strumień magnetyczny pokryty tym obwodem ulega zmianie, następuje indukcja (wzbudzenie) prądu elektrycznego.

Badając to zjawisko, Faraday przeprowadził serię eksperymentów. Na przykład:

- w cewce, zamkniętej na galwanometr, włożono i przedłużono magnes trwały (Rys.93a). Na galwanometrze wystąpiło odchylenie strzały i było ono tym większe, im szybszy był ruch i wysuwanie się magnesu. Gdy bieguny magnesu zmieniają się, zmienia się kierunek odchylenia strzałki;

- do cewki włożono kolejną cewkę, zamkniętą na galwanometrze, przez którą przepuszczano prąd (Rys.93b). Przy włączaniu i wyłączaniu (tj. przy każdej zmianie prądu) wystąpiło odchylenie strzałki galwanometru. Kierunek odchylenia strzałki został zmieniony przez pewne prawo.

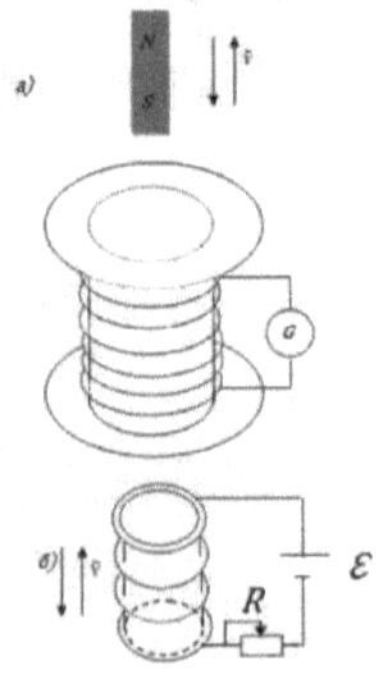

Rys.93. Eksperymenty Faradaya

Przeprowadzono również inne eksperymenty, które pozwoliły Faradayowi na ustanowienie prawa indukcji elektromagnetycznej. Pole elektromagnetyczne *indukcji ε_i występujące w obwodzie przewodzącym jest równe szybkości zmian strumienia magnetycznego* $\frac{d\Phi_m}{dt}$ *przez obszar ograniczony przez ten obwód:*

$\varepsilon_i = k\frac{d\Phi_m}{dt}$ gdzie $k = 1$ zgodnie z regułą wprowadzoną później przez rosyjskiego naukowca E. Lentsa i pozwalającą na określenie kierunku prądu indukcyjnego: *prąd indukcyjny w obwodzie zawsze ma taki kierunek, że wytwarzane przez niego pole magnetyczne uniemożliwia zmianę strumienia magnetycznego jaki spowodował ten prąd indukcyjny.*

Tak więc, prawo indukcji elektromagnetycznej - prawo Faradaya jest opisane formułą $\varepsilon_i = -\frac{d\Phi_m}{dt}$.

Pytania kontrolne

1. co to jest strumień magnetyczny? Jego jednostka miary.
2. Co równa się pracy przy przemieszczaniu przewodnika z prądem w polu magnetycznym?
3. Jakie jest zjawisko indukcji elektromagnetycznej? Opisz eksperymenty Faradaya.
4. Jaka jest zasada Lentza?

7. Teoretyczne uzasadnienie zjawiska indukcji elektromagnetycznej

7.1 Zawarcie podstawowego prawa o indukcji elektromagnetycznej w oparciu o prawo o oszczędność energii

Niemiecki naukowiec G. Helmholtz (1821-1894) potwierdził ważność danych doświadczalnych i wniosków Faradaya na podstawie prawa o oszczędzaniu energii.

W tym celu rozpatrywał on wszystkie rodzaje prac, jakie wykonywane są gdy prąd płynie w obwodzie zamkniętym zawierającym zasilacz i przewodnik, gdy obwód ten znajduje się w polu magnetycznym (Rys. 92).

dA1 = I2Rdt - praca na ogrzewaniu przewodu i obwodu prądem zgodnie z prawem Joule'a-Lentza, gdzie *R jest* pełną rezystancją obwodu;

dA2 = IdFm - praca przy przemieszczaniu przewodnika z prądem w polu magnetycznym;

dA = Iεdt - bieżąca praca źródła, gdzie ε - bieżące źródło EMF.

Zgodnie z prawem o oszczędności energii, stosunek

dA = dA1 + dA2.ToecmьIεdt = I2Rdt + IdFm.

Dobrze więc $I = \dfrac{\varepsilon dt - d\Phi_m}{Rdt} = \dfrac{\varepsilon + \left(-\dfrac{d\Phi_m}{dt}\right)}{R} = \dfrac{\varepsilon + \varepsilon_i}{R}$. Ten wpis reprezentuje prawo Ohma dla obwodu zamkniętego, gdzie oprócz głównego EMF źródła prądu ε istnieje dodatkowy EMF indukcji elektromagnetycznej ε_i, którego formuła odpowiada prawie Faradaya.

7.2 Elektroniczny mechanizm indukcji elektromagnetycznej EMF

Rozważmy elektroniczny mechanizm indukowania EMF według następującego schematu (rys. 94).

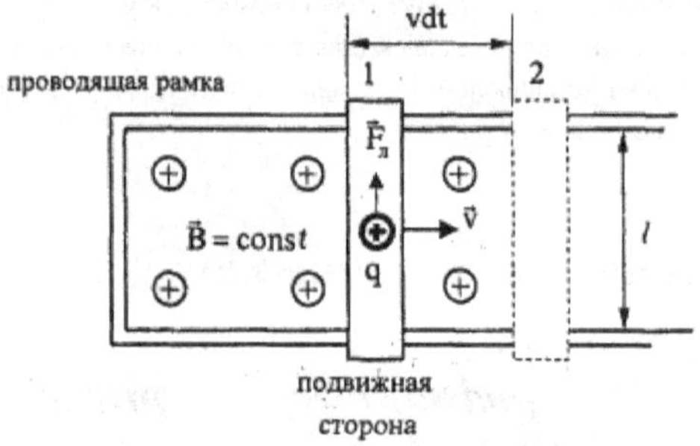

Rys.94. Do elektronicznego mechanizmu indukcji EDM

Rys. 94 pokazuje ramę z ruchomą stroną. Pole magnetyczne jest $\vec{B}$ skierowane od nas. Przesuwamy ruchomą ramę z prędkością $\vec{v}$. Siła Lorentza działa $\vec{F}_{Л} = q\left[\vec{v},\vec{B}\right]$ na ładunek dodatni q . Przenosi on ładunek na odległość l i wykonuje pracę A=$qvBl$. EMF $\varepsilon = \frac{A}{q} = vBl$. Zgodnie z prawem Faradaya $\varepsilon_i = -\frac{d\Phi_m}{dt}$, czy $|\varepsilon_i| = \frac{d\Phi_m}{dt}$ $|\varepsilon_i| = \frac{BdS}{dt}$... Ruchoma strona ramy opisuje obszar $dS = lvdt$. Wtedy $|\varepsilon_i| = Blv$. . . Wynik odpowiada powyższej wartości ε. W związku z tym, EMF indukcji elektromagnetycznej posiada elektroniczny mechanizm pochodzenia z powodu siły Lorentza.

Pytania kontrolne

1. Jaki jest teoretyczny dowód na eksperymentalne prawo Faradaya?
2. Jaka jest elektroniczna natura indukcji elektromagnetycznej EMF?

8. Praktyczne zastosowanie zjawiska indukcji elektromagnetycznej

8.1. Obrót ramy w polu magnetycznym. Zasada działania generatora

Zjawisko indukcji elektromagnetycznej jest wykorzystywane do przetwarzania energii mechanicznej i elektrycznej w generatorach i silnikach elektrycznych.

Rama *S obraca* się w jednorodnym polu magnetycznym ($\vec{B}$ = stożek) równomiernie ze stałą prędkością kątową ω (Rys.94).

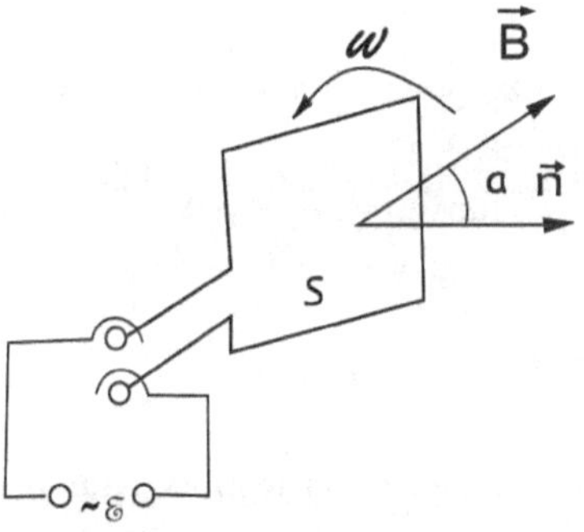

Rys.95. Rotacja ramy w polu magnetycznym

$\alpha=\omega t$. *A* potem $\Phi_m = BS\cos\alpha = BS\cos\omega t$ $\varepsilon_i = -\frac{d\Phi_m}{dt}$ $\varepsilon_i = BS\omega\sin\omega t$ $\varepsilon_{max} = BS\omega$

$\varepsilon_i = \varepsilon_{max}\sin\omega t$...

Ponieważ częstotliwość sieci $\nu = \frac{\omega}{2\pi} = 50\,\text{Hz}$ = konst, *B* i $S\varepsilon_{max}$ muszą być zwiększone w celu zwiększenia. Możliwe jest zwiększenie *B* poprzez użycie silnych magnesów stałych, lub w elektromagnesach do przepuszczania wysokich prądów. Aby zwiększyć *S,* stosuje się uzwojenia wielozwojowe.

8.2 Indukcyjność konturu. Indukcyjność elektromagnetyczna

Pole magnetyczne istnieje wokół każdego przewodnika z prądem. *Własne* pole magnetyczne pętli tworzy strumień magnetyczny *fm przez* powierzchnię"

$\Phi_m = \oint\limits_S d\Phi_m = \oint\limits_S B_n dS$, gdzie B_n - rzut wektora na $\vec{B}$ dS element normalny do powierzchni. Zgodnie z prawem Bio-Savara-Laplace, indukcja pola magnetycznego $d\vec{B}$ w punkcie r od elementu $\overrightarrow{dl}$ konturu z prądem *I jest* równa

$\overrightarrow{dB} = \frac{\mu\mu_0}{4\pi}\frac{\lfloor I\overrightarrow{dl},\vec{r}\rfloor}{r^3}$ $\vec{B} = \frac{\mu\mu_0}{4\pi} I \int\limits_l \frac{\lfloor\overrightarrow{dl},\vec{r}\rfloor}{r^3}$. Skąd. . .

Projekcja sumy wektorów $\vec{B}$ na pewien kierunek jest równa algebraicznej sumie projekcji na ten kierunek wszystkich składowych wektorów. Dlatego

$B_n = \frac{\mu\mu_0}{4\pi} I \int\limits_l \frac{\lfloor\overrightarrow{dl},\vec{r}\rfloor_n}{r^3}$ gdzie $\lfloor\overrightarrow{dl},\vec{r}\rfloor_n$ - rzut pracy wektorowej $\lfloor\overrightarrow{dl},\vec{r}\rfloor$ na kierunek normalny na element dS powierzchni ograniczony konturem *l*. Następnie

$\Phi_m = \oint\limits_S \frac{\mu\mu_0}{4\pi} I \left\{\int\limits_l \frac{\left[\overrightarrow{dl},\vec{r}\right]}{r^3}\right\} dS$ lub $\Phi_m = I\frac{\mu\mu_0}{4\pi}\oint\limits_S dS \int\limits_l \frac{\lfloor\overrightarrow{dl},\vec{r}\rfloor_n}{r^3}$. Następnie *Fm = LI,* gdzie

$L = \frac{\mu\mu_0}{4\pi}\oint\limits_S dS \int\limits_l \frac{\lfloor\overrightarrow{dl},\vec{r}\rfloor}{r^3}$ - indukcyjność konturu.

Indukcyjność obwodu zależy od jego kształtu geometrycznego, wielkości i przepuszczalności magnetycznej ośrodka w którym się znajduje. Ale nie zależy to od materiału, z którego wykonany jest kontur. Pod tym względem indukcyjność obwodu jest analogiczna do pojemności elektrycznej samotnego przewodnika w elektrostatyce. Innymi słowy, jeśli zdolność elektryczna jest właściwością organizmu do utrzymywania ładunku elektrycznego, to indukcyjność jest zdolnością obwodu do utrzymywania pola magnetycznego.

Jednostka indukcyjna w międzynarodowym układzie jednostek $[L] = \frac{[\Phi_m]}{[I]} = \frac{Вб}{A} = Гн(Генри)$.

Znajdziemy indukcyjność elektromagnetyczną.

$\Phi_m = LI \Rightarrow L = \frac{\Phi_m}{I}$ Ponieważ cewka składa się z dużej liczby cewek, gdzie N $jest \Phi^1_m = BS$ liczbą cewek cewki, $\Phi_m = N\Phi^1_m$ strumień magnetyczny jednej cewki. Wtedy $L = \frac{NBS}{I}$... Wiadomo, że dla cewki $B = \mu\mu_0 In$, gdzie n *jest* stężeniem liczby obrotów, tzn. liczby obrotów na jednostkę długości $n = \frac{N}{l}$.

Potem $L = \frac{\mu\mu_0 ISN^2}{Il} = \frac{\mu\mu_0 SN^2}{l}$ pomnożymy to przez... $\frac{l}{l}$

$L = \mu\mu_0 n^2 Sl = \mu\mu_0 n^2 V$ gdzie V jest objętością cewki.

Indukcyjność cewki jest proporcjonalna do kwadratu liczby obrotów na jednostkę długości, objętości cewki i zależy od przepuszczalności magnetycznej substancji, z której wykonany jest rdzeń cewki.

8.3 Samoindukcja

Jeśli przez obwód przechodzi prąd zmienny, strumień magnetyczny nie jest wartością stałą i w obwodzie, z wyjątkiem prądu głównego, zgodnie z prawem Faradaya, zostanie wywołany dodatkowy, indukowany prąd. To samo można zaobserwować w obwodach prądu stałego, gdy zmienia się strumień magnetyczny w obwodzie.

Występowanie indukcyjnych pól elektromagnetycznych w wyniku zmian natężenia prądu w obwodzie nazywane jest zjawiskiem samoistnej indukcji, a same pola elektromagnetyczne nazywane są samoistną indukcją pól elektromagnetycznych.

Z doświadczenia wynika, że zjawisko samowzbudzania się jest widoczne (Rys. 96).

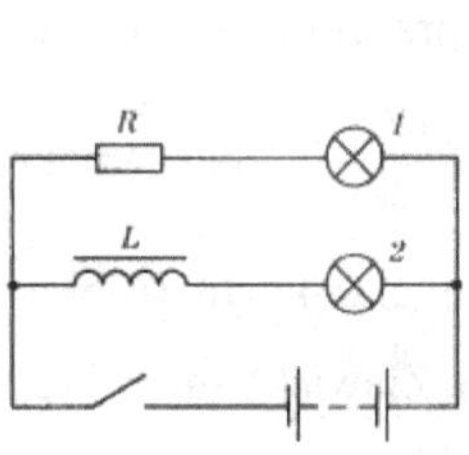

Rys.96. Schemat obserwacji samowprowadzania

Pokazano równoległy obwód dwóch identycznych świateł. Jedna z nich jest podłączona do zasilania poprzez rezystancję R, a druga jest połączona szeregowo z cewką indukcyjną L. Gdy klucz jest zamknięty, pierwsza lampka miga niemal natychmiast, a druga z zauważalnym opóźnieniem. Gdy klucz jest otwarty, obserwowany jest ten sam wzór: pierwsza lampka gaśnie natychmiast, a druga - stopniowo po pewnym czasie. Można to przedstawić graficznie w formie krzywych pokazanych na Rys. 97.

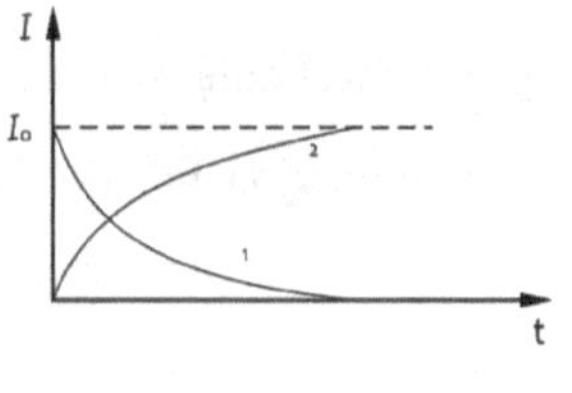

Rys.97. Ekstraktory przy zamykaniu (krzywa 2) i otwieraniu obwodu (krzywa 1)

Matematycznie, te zależności można opisać za pomocą wzorów:

$I = I_0\left(1 - e^{-\frac{t}{\tau}}\right)$- zamknięcie obwodu, $I = I_0 e^{-\frac{t}{\tau}}$- otwarcie obwodu, gdzie - I_0 maksymalna wartość natężenia prądu, τ - czas relaksu (opóźnienie).

Zjawisko samoistnej indukcji można wyjaśnić w następujący sposób. Strumień magnetyczny związany z obwodem jest proporcjonalny do prądu w obwodzie $\Phi_m = LI$. Jeśli prąd zmieni się na dI w czasie "ttok time", strumień magnetyczny zmieni się na $d\Phi_m = LdI$. W pętli występuje EMF samoindukcji $\varepsilon_c = -\frac{d\Phi_m}{dt} = -L\frac{dI}{dt}$. W trakcie działania generowany $\varepsilon_c$jest prąd indukcyjny, który zgodnie z zasadą Rent, przeciwdziała zmianie prądu w obwodzie: spowalnia jego wzrost lub spadek. Jeśli $\frac{dI}{dt} > 0$, prąd samonaprowadzający jest skierowany na prąd główny i na odwrót. Indukcyjność obwodu jest miarą jego inercji w odniesieniu do zmiany prądu. Zjawisko samo-indukcji jest stosowane w teatrach, gdy świecące żyrandole zapalają się i stopniowo gasną w trakcie rozpoczęcia lub zakończenia spektaklu lub w przerwach w przerwie. Techniczne zastosowanie samoindukcji jest stosowane w transformatorach przy zmianie prądu cewki pierwotnej.

8.4 Wzajemna indukcja. Zasada działania transformatora

Wzajemne indukowanie to wzbudzanie prądu w obwodzie, gdy zmienia się prąd w obwodzie sąsiednim.

Załóżmy, że w pętli 1 znajduje się prąd I_1(Rys.98). W polu magnetycznym tej pętli znajduje się przylegająca do niej pętla 2.

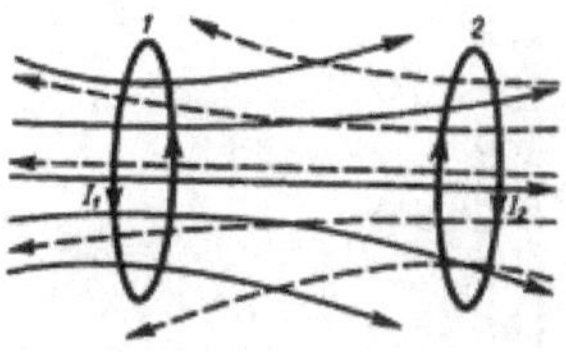

Rys.98. Wzajemna indukcja

Obwody te będą wymieniać przepływy magnetyczne, a te będą proporcjonalne do siebie ~ Φ_{m_2} Φ_{m_1}. AleΦ_{m_1} I_1~ ... ~ Φ_{m_2} I_1Then ~ ... Albo $\Phi_{m_2} = MI_1$, gdzie$M$, współczynnik wzajemnej indukcji. W$d\Phi_{m_2} = MdI_1$ formie różnicowej$\varepsilon_2 = -\frac{d\Phi_{m_2}}{dt} = -M\frac{dI_1}{dt}$. Następnie w drugim obwodzie znajduje się EMF wzajemnej indukcji.

Wzajemna indukcja EMF występująca w pętli jest proporcjonalna do aktualnej szybkości zmian w sąsiedniej pętli i zależy od wzajemnej indukcyjności tych pętli.

Wzajemna indukcyjność zależy od kształtu, wzajemnego układu obwodów i własności magnetycznych medium, ale jest niezależna od siły prądu w obwodzie. Jednostką miary wzajemnego współczynnika indukcji *M,* jak dla pętli indukcyjności *L,* jest *Gn* - Henry.

Zjawiska wzajemnej indukcji i samo-indukcji są szczególnym przypadkiem podstawowego prawa Faradaya o indukcji elektromagnetycznej i znajdują techniczne zastosowanie w eksploatacji różnego rodzaju transformatorów, które są przeznaczone do przetwarzania prądu i napięcia w sieci.

Rozważmy zasadę działania transformatora jednofazowego najprostszego typu, składającego się z zamkniętego rdzenia żelaznego, na którym umieszczone są dwie cewki z uzwojeniem drucianym (Rys.99).

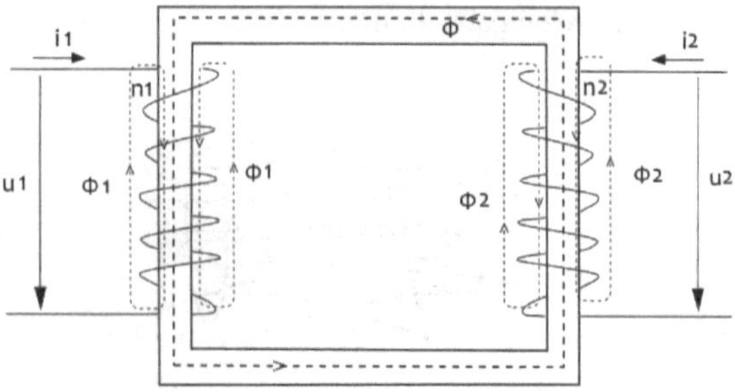

Rys.99. Obwód elektromagnetyczny transformatora

Jedno z uzwojeń, zwane uzwojeniem pierwotnym, jest podłączone do źródła napięcia przemiennego *U1*. Drugie uzwojenie, zwane uzwojeniem wtórnym, jest podłączone do "obciążenia", czyli urządzeń i urządzeń pobierających energię elektryczną, które są wysyłane do odbiorcy.

Napięcie przyłożone do zacisków pierwotnych tworzy w tym uzwojeniu prąd zmienny I_1. Prąd wzbudza zmienny strumień magnetyczny *F1* w rdzeniu transformatora. Ze względu na okresową zmianę tego przepływu, EMF są indukowane w obu uzwojeniach transformatora: w cewce pierwotnej na skutek zjawiska samoistnego indukowania się EMF ε_1 oraz w cewce wtórnej na skutek wzajemnego indukowania się EMF ε_2. Strumienie magnetyczne w rdzeniu transformatora są zlokalizowane, dzięki czemu możliwe jest rejestrowanie wartości EMF:

$\varepsilon_1 = -\frac{d\Phi_m}{dt}N_1$ $\varepsilon_2 = -\frac{d\Phi_m}{dt}N_2$ gdzie *N1 i N2 są to* liczby obrotów w uzwojeniu pierwotnym i wtórnym $\frac{\varepsilon_2}{\varepsilon_1} = \frac{N_2}{N_1} = k$ transformatora. Następnie jest to stosunek przełożenia transformatora. Jeżeli *k>1,* to transformator będzie się zwiększał, a jeżeli k<1, to uznaje się, że transformator się zmniejsza. Dla przełożenia transformatora, przełożenia są sprawiedliwe $k = \frac{\varepsilon_2}{\varepsilon_1} = \frac{N_2}{N_1} = \frac{U_2}{U_1} = \frac{I_1}{I_2}$.

C.P.D. nowoczesnych transformatorów osiąga 98%.

Pytania kontrolne

1. Co nazywa się indukcyjnością pętli? Od czego to zależy i jakie jest jego fizyczne znaczenie?
2. Jakie są zjawiska samo-indukcji i wzajemnej indukcji? W obu przypadkach należy napisać wyrażenia dla indukcji EMI.
3. Napisz wyrażenie dla indukcyjności elektromagnetycznej.
4. Gdzie praktycznie stosuje się samo-indukcję i wzajemną indukcję?

9. energia pola magnetycznego. Gęstość energii pola magnetycznego.

Przewód z prądem przepływającym przez niego jest zawsze otoczony polem magnetycznym, a pole magnetyczne zanika i pojawia się wraz z zanikiem i pojawieniem się prądu. Pole magnetyczne, podobnie jak pole elektryczne, jest nośnikiem energii. Zgodnie z prawem zachowania energii, energia pola magnetycznego pokrywa się z pracą wykonywaną przez prąd w celu wytworzenia tego pola.

Rozważmy obwód z indukcyjnością *L,* przez który przepływa prąd *I.* Z tym konturem strumień magnetyczny jest połączony . $\Phi_m = LI$ Ponieważ indukcyjność tego konturu jest niezmienna, przy zmianie prądu na *dI* strumień magnetyczny zmienia się na *dFm* $d\Phi_m = LdI$ $dA = Id\Phi_m$ $dA = LIdI$. Następnie praca nad wytworzeniem strumienia magnetycznego jest równa $A = \int_0^I LIdI = \frac{LI^2}{2}$. Tak

więc, energia pola magnetycznego, która jest związana z konturem - $W_m = \frac{LI^2}{2}$.

Wartość indukcyjności pętli *L zależy od jej* kształtu geometrycznego i wymiarów. Jako przykład, rozważmy cewkę elektromagnetyczną. Dla niego ustalono, że $L = \mu\mu_0 n^2 V L$ i $H = In$ gdzie *n jest* liczbą obrotów na jednostkę długości, *H* jest natężeniem pola magnetycznego. Następnie $W_m = \frac{\mu\mu_0 n^2 VI^2}{2} = \frac{\mu\mu_0 n^2 VH^2}{2n^2} = \frac{\mu\mu_0 H^2}{2} V$ - energia pola magnetycznego, gdzie" - objętość pola. Wtedy gęstość pola magnetycznego jest równa $\omega_m = \frac{W_m}{V}$

$$\omega_{ЭП} = \frac{\varepsilon\varepsilon_0 E^2}{2}...$$

Możliwe jest zwrócenie uwagi na strukturalną analogię wzorów gęstości pól elektrycznych i magnetycznych. Rzeczywiście, dla pola elektrycznego jego gęstość jest równa, $\omega_{ЭП} = \frac{\varepsilon\varepsilon_0 E^2}{2}$ gdzie ε- przepuszczalność dielektryczna ośrodka, ε_0 - stała elektryczna, *E* - natężenie pola elektrycznego. Dlatego też uważa się, że pola elektryczne i magnetyczne są połączone, pole elektryczne generuje pole magnetyczne, a pole magnetyczne - pole elektryczne. Istnieje pojedyncze pole elektromagnetyczne, którego gęstość jest równa

$\omega = \omega_{ЭП} + \omega_m = \frac{\varepsilon\varepsilon_0 E^2}{2} + \frac{\mu\mu_0 H^2}{2}$ i rozprzestrzenia się w próżni *z* prędkością światła = $3 \cdot 10^8$ m/s.

Równania Maxwella są podstawą teorii pola elektromagnetycznego.

10. Równania Maxwell'a.

W latach 60-tych Maxwell, w oparciu o idee Faradaya dotyczące pól elektrycznych i magnetycznych, uogólnił prawa ustanowione eksperymentalnie i rozwinął teorię pojedynczego pola elektromagnetycznego stworzonego przez dowolny układ ładunków i prądów. Teoria Maxwella w największym stopniu przyczyniła się do rozwoju fizyki klasycznej i pozwoliła z ogólnego punktu widzenia objąć szeroki zakres zjawisk, od pola elektrostatycznego ładunków stacjonarnych do elektromagnetycznej natury światła.

Nie wdając się w szczegóły wniosków i rozumowania Maxwella, zatrzymajmy się nad częścią opisową jego teorii. Teoria ta opiera się na czterech równaniach całkowitych lub różnicowych opisujących zjawiska elektromagnetyczne oraz dwóch wzorach charakteryzujących właściwości elektryczne i magnetyczne ośrodka.

Na przykład, w formie integralnej te równania i wzory mają postać:

1. $\oint_L \left(\vec{E}, \vec{dl}\right) = -\frac{\partial \Phi_m}{\partial t}$ - *zmienne pole magnetyczne w dowolnym miejscu w przestrzeni tworzy wirowe pole elektryczne (uogólnienie prawa Faradaya).*

2. $\oint_L \left(\vec{H}, \vec{dl}\right) = \sum I + \frac{\partial \Phi_E}{\partial t}$ - *zmienne pole elektryczne w dowolnym miejscu w przestrzeni tworzy wirowe pole magnetyczne (uogólnienie prawa pełnego prądu),*

Gdzie: Σ I - algebraiczna suma prądów przewodności (makro prądów),

$\frac{\partial \Phi_E}{\partial t} = I_{CM}$ - tzw. prąd uprzedzenia wprowadzony przez Maxwella w celu scharakteryzowania "magnetycznego działania" zmiennego pola elektrycznego.

3. $\oint_S D_n dS = \sum q$ - *Twierdzenie Gaussa dotyczące przepływu elektrycznego wektora przemieszczenia* $\vec{D}$ *przez arbitralnie zamkniętą powierzchnię S, pokrywającą ładunek całkowity q.*

Czasami całkowity ładunek w równaniu jest zastępowany wyrażeniem $\int_V \rho dV$, w którym ρ jest gęstością nasypową ładunku.

4. $\oint_S B_n dS = 0$ - *Twierdzenie Gaussa o strumieniu magnetycznym przechodzącym przez arbitralnie zamkniętą powierzchnię S.* Twierdzenie to wynika z faktu, że darmowe opłaty magnetyczne nie istnieją w naturze.

Oprócz tych równań, teoria Maxwella dodaje równania charakteryzujące właściwości elektryczne i magnetyczne ośrodka:

$D = \varepsilon\varepsilon_0 E$ - zależność między odchyleniem elektrycznym D i napięciem pola elektrycznego E;

$j = \sigma E$ - Prawo Oma w formie różnicowej, gdzie j to gęstość prądu, σ-specyficzna przewodność elektryczna substancji.

Przy zastosowaniu w prawie pełnego prądu (drugie równanie Maxwella) zamiast wektora natężenia pola magnetycznego $\vec{H}$ wektora indukcyjnego $\vec{B}$ dodaje się równanie sprzęgające tych wartości $B = \mu\mu_0 H$.

Teoria Maxwella to teoria makroskopijna. To nie wyjaśnia mikroskopijnych zjawisk wewnątrz substancji. Dalszym rozwinięciem tej teorii była elektroniczna teoria stworzona przez Lorentza, która pokazuje, że właściwości elektryczne i magnetyczne materii są określane przez naturę ruchów i oddziaływań ładunków elektrycznych, które składają się z atomów i cząsteczek.

11. właściwości magnetyczne substancji

Doświadczenie i teoria wykazują, że wszystkie substancje umieszczone w polu magnetycznym nabierają właściwości magnetycznych, tj. są namagnesowane. I dlatego do pewnego stopnia zmienić zewnętrzne pole magnetyczne. Zgodnie z *ich właściwościami magnetycznymi, wszystkie substancje w przyrodzie można podzielić na trzy rodzaje: diamentowe, paramagnetyczne i ferromagnetyczne.*

Diagnostyka to substancje, które osłabiają ją po umieszczeniu w zewnętrznym polu magnetycznym. Mają magnetyczną przepuszczalność $\mu<1$. Przykładami diamentów są fosfor, siarka, węgiel, rtęć, złoto, srebro, miedź, woda i wiele związków organicznych.

Paramagnetyka to substancje, które po umieszczeniu w zewnętrznym polu magnetycznym wzmacniają je. Mają przepuszczalność magnetyczną równą $\mu>1$. Przykładami paramagnetyki są tlen, azot, aluminium, wolfram, platyna, metale alkaliczne i ziem alkalicznych.

Ferromagnetyki to substancje, które po umieszczeniu w zewnętrznym polu magnetycznym znacznie go wzmacniają. Mają przepuszczalność magnetyczną $\mu >> 1$. Substancje te są silnie namagnesowane w zewnętrznym polu magnetycznym. Przykładami ferromagnetyków są żelazo, nikiel, kobalt, metale ziem rzadkich, stal i niektóre stopy na bazie manganu i chromu.

Dowiedz się o przyczynach biegunki, para- i ferromagnetyzmu.

Atomy i molekuły dowolnej substancji mają prądy kołowe powstające w wyniku ruchu elektronów na orbitach wokół jąder - prądów orbitalnych. Dla każdego prądu orbitalnego istnieje określony moment magnetyczny, zwany momentem magnetycznym orbitalnym. Dodatkowo, elektrony mają swój własny, lub spinowy, moment magnetyczny. Jądro atomowe również ma swój własny moment magnetyczny. Geometryczna suma orbitalnych i spinowych momentów magnetycznych elektronów i jądra tworzy moment magnetyczny atomu materii. W diamagnetyce całkowity moment magnetyczny atomu jest początkowo równy zeru, ponieważ dostępne w atomie momenty magnetyczne orbitalne, spinowe i jądrowe są wzajemnie kompensowane. Kiedy diamagnety są umieszczone w zewnętrznym polu magnetycznym, ich atomy mają (indukowane) momenty magnetyczne, które zawsze są skierowane przeciwnie do pola zewnętrznego. W rezultacie ośrodek magnetyczny jest namagnesowany i wytwarza swoje własne pole magnetyczne, które jest skierowane w kierunku przeciwnym do pola zewnętrznego i tym samym osłabia je. Na Rys. 100 atomy diamagnetyczne są reprezentowane przez kropki, a indukowane momenty magnetyczne przez strzałki. Wywołane momenty magnetyczne atomów diamagnetycznych są utrzymywane tak długo, jak długo istnieje pole zewnętrzne. Po wyeliminowaniu pola zewnętrznego znikają indukowane momenty magnetyczne atomów i następuje rozmagnesowanie diamagnetyczne.

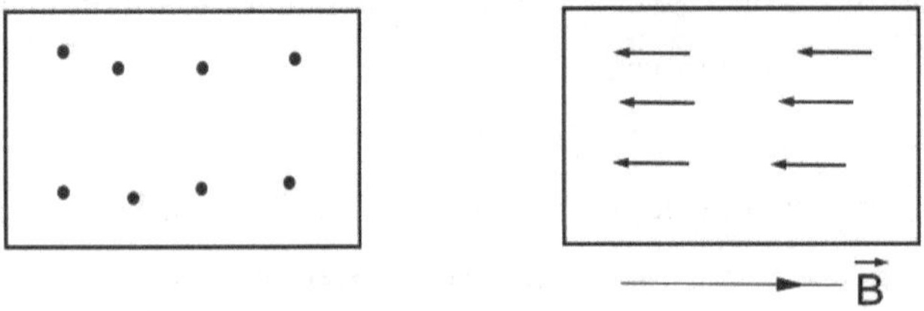

Oh , dobrze!

Rys.100. Diagnostyka przed a) i po b) namagnesowaniem

W atomach i cząsteczkach substancji paramagnetycznych ich orbitalny, spinowy i jądrowy moment magnetyczny nie kompensują się wzajemnie. Dlatego też atomy paramagnetyki zawsze posiadają moment magnetyczny, jak magnesy elementarne. Jednakże, atomowe momenty magnetyczne są ułożone losowo i dlatego paramagnetyczne medium jako całość nie wykrywa właściwości magnetycznych. Pole zewnętrzne obraca atomy paramagnetyki w taki sposób, że ich momenty magnetyczne są ustawione głównie w kierunku pola. Pełna orientacja jest uniemożliwiona przez ruch termiczny atomów. W rezultacie magnetysta paramagnetyczny namagnesowuje i wytwarza własne pole magnetyczne, które zawsze zbiega się w kierunku pola zewnętrznego i tym samym wzmacnia je (Rys. 101). Gdy pole zewnętrzne zostanie wyeliminowane, ruch termiczny natychmiast niszczy orientację atomowych momentów magnetycznych, a paramagnetyczny zostaje namagnesowany.

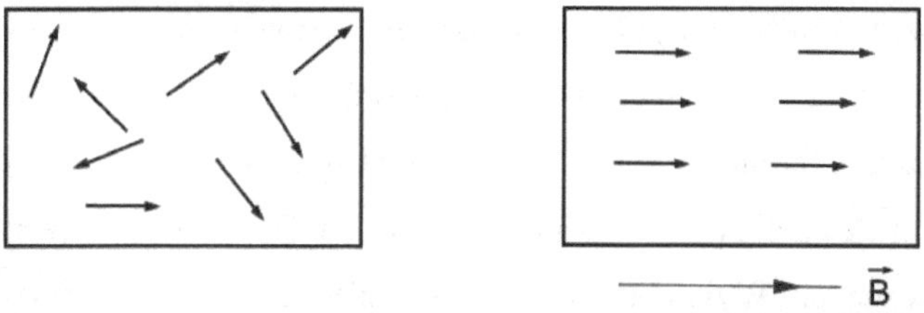

Oh , dobrze!

Rys.101. Parametry magnetyczne przed a) i po b) namagnesowaniem

W porównaniu do diamagnetyki i paramagnetyki mechanizm namagnesowania ferromagnetyków ma inny charakter i wynika z obecności w strukturze substancji wielu specjalnych stref, zwanych domenami, które są stosunkowo duże (około 10-2 mm) namagnesowane spontanicznie do nasycenia miliardów atomów. W obrębie jednej dziedziny, momenty magnetyczne atomów są zorientowane równo. Jednak orientacja samych domen jest zróżnicowana (rys. 102). Dlatego też, przy braku zewnętrznego pola magnetycznego, ferromagnetyk jako całość jest niemagnetyzowany. Wraz z pojawieniem się pola zewnętrznego, domeny zorientowane momentem magnetycznym w kierunku tego pola zaczynają zwiększać swoją objętość dzięki sąsiednim domenom o różnych orientacjach momentu magnetycznego. Ferromagnetyk jest namagnesowany. Jeśli pole magnetyczne jest wystarczająco silne, wszystkie domeny są obracane w kierunku pola, a ferromagnetyk szybko namagnesowuje się do nasycenia.

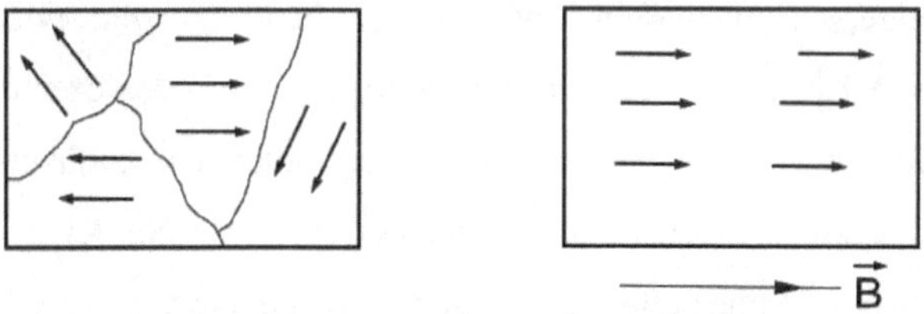

Oh , dobrze!

Rys.102. Ferromagnetyczne przed a) i po b) namagnesowaniem

Pojawienie się domen w ferromagnetykach wynika z sił oddziaływania wymiennego i może być wyjaśnione jedynie na podstawie mechaniki kwantowej.

Po wyeliminowaniu pola zewnętrznego, ferromagnetyki nie są całkowicie rozmagnesowane, ale zachowują resztkową indukcję pola magnetycznego, ponieważ ruch termiczny nie jest w stanie szybko dezorientować domen. Oznacza to, że istnieje nieliniowa zależność pomiędzy indukcją *B* a natężeniem *H* pola magnetycznego. Wyjaśnia to zjawisko histerezy magnetycznej (latencji), przedstawione graficznie na rys. 103.

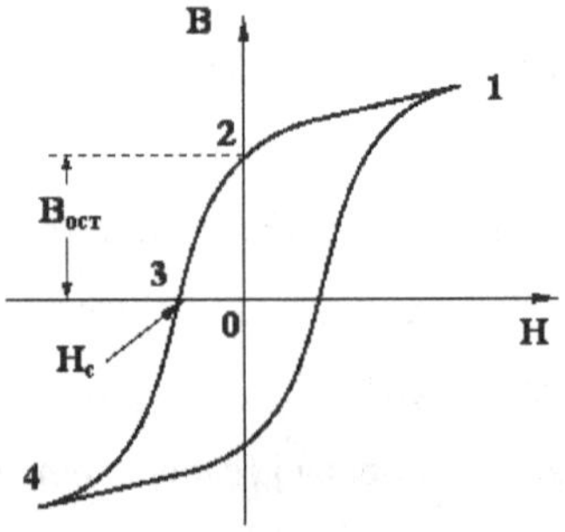

Rys.103. Pętla histerezy ferromagnetyków

Namagnesujmy ołów do nasycenia, zwiększając napięcie pola zewnętrznego (Rys.103, punkt 1), a następnie zmniejszmy *H*. W tym przypadku zależność B od *H* nie wynika z pierwotnej krzywej 0-1 (na wykresie nie ma krzywej), lecz z nowej krzywej 1-2. Jeśli natężenie pola magnetycznego zostanie zredukowane do zera, zniknie namagnesowanie i indukcja pola magnetycznego. Przy *H=0, indukcja* ma niezerową wartość $\mathrm{W_{schodu}}$, która jest nazywana indukcją szczątkową. Ferromagnetyk staje się magnesem trwałym. $\mathrm{V_{ost}}$ idzie do zera tylko pod działaniem pola przeciwnego do oryginalnego. Wartość natężenia pola magnetycznego *Hc*, w której namagnesowanie szczątkowe i indukcja pola magnetycznego są ustawione na zero, nazywana jest *siłą koercyjną*. Kontynuując działanie na ferromagnetyczne zmienne pole magnetyczne, otrzymujemy krzywą 1-2-3-4-1, zwaną *pętlą histerezy. Istnieje* opóźnienie w indukcji lub namagnesowaniu ferromagnetyków od przyczyny - natężenia pola magnetycznego. Pętla histerezy może być obserwowana na ekranie oscyloskopu podczas magnesowania i rozmagnesowywania ferromagnetyków. Jeśli pętla histerezy jest wystarczająco szeroka (o wysokiej wartości siły koercyjnej (punkt 3 na Rys. 103), ferromagnetyk jest uważany za magnetycznie stały i może być użyty do produkcji magnetycznych części kranowych. Jeśli pętla histerezy okaże się wąska, z niską wartością siły koercyjnej, wówczas magnesowanie i rozmagnesowanie ferromagnetyków będzie minimalne, a ferromagnetyki będą uważane za magnetycznie miękkie. Takie ferromagnetyki są stosowane w rdzeniach transformatorów.

Ferromagnetyki mają jeszcze jedną istotną cechę: w określonej (dla każdego ferromagnetyka) temperaturze (punkt Curie) tracą swoje właściwości magnetyczne (dla żelaza 7700C, niklu 3600C). W temperaturach powyżej punktu Curie, ferromagnetyk staje się normalnym paramagnetycznym z μ blisko 1. Zjawisko to tłumaczy się wpływem termicznym na strukturę domenową ferromagnetyków, przy którym indukowane momenty magnetyczne atomów w domenach zaczynają się dezorientować przez mechanizm przedstawiony na rysunku 101b.

Pytania kontrolne

1. Napisz i wyjaśnij wyrażenie na gęstość energii pola magnetycznego i porównaj je z gęstością energii pola elektrycznego. Wpisz wyrażenie na gęstość energii pola elektromagnetycznego.
2. Jakie jest fizyczne znaczenie równań Maxwell'a?
3. Dajcie mi pojęcia di-, para-, ferromagnetyczne.
4. Wyjaśnij mechanizm domeny do magnesowania ferromagnetyków.
5. Pętla histerezy i fizyczne znaczenie siły przymusu.

Literatura

1. Trofimova TI Course physics: podręcznik szkoleniowy dla uniwersytetów. - Moskwa: Akademia, 2010. - – 557 c.
2. I.V.Saveliev. Kurs fizyki ogólnej. Tom 2: Elektryczność i magnetyzm. Moskwa: Lan, 2011. - – 432 c.
3. Bondaryev BV, Kalashnikov NP, Spirin G. G. Kurs fizyki ogólnej: podręcznik szkoleniowy dla uniwersytetów. Moskwa: Vysh. shk. 2005. Księga 2: Elektromagnetyzm. Wave Optics. Fizyka kwantowa. 438 s.
4. Detlaf AA, kurs fizyki Jaworskiego BM: podręcznik dla szkół wyższych. Moskwa: Akademia, 2007. - – 719 c.
5. Podręcznik Kovalevsky'ego I.G. na kurs fizyki. - Irkuck: IrGSHA, 2014.

FSC
www.fsc.org
MIX
Papier | Fördert gute Waldnutzung
FSC® C083411

Kolibri 360 GmbH
Ferdinand-Jühlke-Straße 7
99095 Erfurt, Deutschland
produktsicherheit@kolibri360.de

Druck:
CPI Druckdienstleistungen GmbH
im Auftrag der
Kolibri 360 GmbH
Ferdinand-Jühlke-Str. 7
99095 Erfurt